Petra Krivy &
Angelika Lanzerath

Einfach gut erzogen

Müller Rüschlikon

Impressum

Einbandgestaltung: R2 I Ravenstein, Verden
Titelbild: Oliver Pohl
Bildnachweis: Robert Babiak / pixelio.de: S. 20; Kurt Bouda / pixelio.de: S. 10; R. K. Hoppe / pixelio.de: S. 5; Petra Krivy: S. 24, 72; Angelika Lanzerath: S. 3, 21, 23, 25, 26, 27, 43, 45, 47, 52, 62, 64, 68, 76, 89; Regina Mackensen: S. 4; Oliver Pohl: S. 1, 3, 4, 6, 7, 8, 12, 13, 14, 15, 16, 17, 18, 19, 22, 23, 24, 27, 28, 29, 30, 31, 32, 33, 34, 35, 36, 37, 38, 39, 40, 41, 42, 44, 46, 48, 50, 51, 53, 55, 56, 57, 58, 59, 60, 61, 63, 65, 67, 70, 71, 73, 74, 75, 76, 77, 78, 79, 80, 81, 83, 84, 87, 90, 91, 92; Adolf Riess / pixelio.de: S. 9; Robert Rozbora / Fotolia.com: S. 93; Sabine Ter Braak: S. 49; Claudia Wittner / pixelio.de: S. 85; Maja Zanders: S. 69

ISBN 978-3-275-02082-9

Postfach 103743, 70032 Stuttgart
Ein Unternehmen der Paul Pietsch Verlage GmbH & Co. KG
Lizenznehmer der Bucheli Verlags AG, Baarerstr. 43, CH-6304 Zug

1. Auflage 2016

Sie finden uns im Internet unter **www.mueller-rueschlikon-verlag.de**

Lektorat: Claudia König
Innengestaltung: Petra Pawletko
Druck und Bindung: Graspo CZ, 76302 Zlin
Printed in Czech Republic

Inhalt

Einleitung

Die Entscheidung ist gefallen – ein Hund bereichert zukünftig das Leben. Und eins steht fest, gut erzogen soll er werden! Doch wie kommt man da hin, dass der Vierbeiner ein umwelt- und sozialverträglicher, gut gehorchender Kumpan wird, der uns überall hin begleiten kann und mit dem wir gerne gesehen werden? Die Vorstellungen von dem, was man erreichen möchte, sind klar, doch der Weg, wie man all das Geplante und Vorgenommene letztlich auch wirklich erreicht, ist selten ganz einfach, relativ arbeitsintensiv und zeitaufwändig und mit einigen Fragezeichen gepflastert. Grundsätzlich muss festgestellt werden, dass zwischen der Erziehung eines Familienhundes und der Ausbildung eines Hundes für ein Spezialgebiet deutlich unterschieden werden muss. **Erziehung** ist nicht gleichbedeutend mit **Ausbildung**. Doch ohne zuvor erfolgte Erziehung zum Grundgehorsam funktioniert keine weiterführende Ausbildung – und zumeist nicht einmal ein reibungsloses Miteinander im tagtäglichen Zusammenleben von Mensch und Hund.

Die Vorbereitung auf spezielle Aufgaben ist eine Ausbildung des Hundes, doch Ausbildung und »normale« Alltags-Erziehung sind zwei verschiedene Maßnahmen.

Doch umfasst die **Erziehung** des Hundes weitaus mehr als die pure Vermittlung von »Sitz«, »Platz« und »Fuß«! Unter Erziehung im weitesten Sinne ist auch die Herausbildung von soziopositiven Verhaltensweisen und die Förderung der psychischen Entwicklung zu verstehen; so gilt es für unsere Kindererziehung und die Erziehung des Hundes ist durchaus analog dazu zu sehen. Wikipedia beschreibt es treffend: »Im Allgemeinen versteht man unter Erziehung soziales Handeln, welches bestimmte Lernprozesse bewusst und absichtlich herbeiführen und unterstützen will, um relativ dauerhafte Veränderungen des Verhaltens zu erreichen, die bestimmten, vorher festgelegten, Erziehungszielen entsprechen.« Erziehung versteht sich daher als zielgerichteter und absichtsvoller Prozess, um erwünschte Verhaltensweisen beim zu Erziehenden zu etablieren, egal, ob der Zögling nun ein Menschenkind oder ein Hund ist. Verhaltensmaßregeln für das Leben mit dem Menschen wie Stubenreinheit, Alleinbleiben, Einführung und Akzeptanz von Tabuwörtern und Grenzen, Aufstellen und Einhalten von Regeln, Duldung von Manipulationen durch den Menschen, Erleben von Abhängigkeit und einiges mehr umfasst der hundliche Erziehungsplan. Und über allem steht eine Partnerschaft, die klar strukturiert sein muss und sich auf gegenseitiges Vertrauen und Verstehen stützt.

Alltags-Erziehung des Hundes umfasst mehr als die bloße Vermittlung von »Sitz«, »Platz« und »Steh«.

Ein gut erzogener Hund wird immer und (fast) überall gern gesehen.

So, wie bekanntlich viele Wege nach Rom führen, so führen auch viele Wege in der Hundeerziehung ans Ziel. Ein individuelles Lebewesen, wie auch der Hund eines ist, kann nicht mit Methode XY und nach »Schema F« angeleitet werden. Was für den einen Hund eine erfolgversprechende Erziehungsvariante darstellt, mag bei einem anderen in die Sackgasse führen. Und was der eine Mensch problemlos umsetzen kann, stößt beim anderen womöglich an die Grenzen seiner Fähigkeiten. Daher muss für jedes Mensch-Hund-Team der individuell passende Übungsaufbau und -ablauf gefunden werden, mit dem die für den Alltag notwendigen Ziele erreicht werden (können!). Hierbei ist nicht wichtig, dass dies in kürzester Zeit erfolgt, was leider noch bis heute von Verfechtern der Starkzwangmittel als Argumentation für den Einsatz von brachialer Gewalt, Würge- und Stachelhalsbändern oder sogar Stromreizgeräten vorgebracht wird. Wir warnen deshalb hier ausdrücklich vor »Angeboten« wie: »In 10 Tagen zum perfekten Begleithund!«

Oberstes Ziel ist vielmehr, dass der Hund:

- aus der Akzeptanz seines Menschen als Richtungsweiser heraus freudig und positiv gestimmt folgt,
- dass er auch situativ notwendig gewordene Frustration verarbeitet und hinzunehmen lernt,
- dass er seinen Menschen mit dessen Anweisungen beachtet und respektiert, dabei aber auch immer noch Hund sein darf.

»Erziehung bedeutet Beispiel und Liebe, sonst nichts.«
Friedrich Fröbel (1782–1852), dt. Pädagoge, 1837
Gründer des ersten Kindergartens

Petra Krivy und Angelika Lanzerath

Zum Umgang mit diesem Buch

Sie finden auf den nächsten Seiten verschiedene »Tatzen«:

Erklärungs-Tatzen
geben Hintergrundinformationen zur jeweiligen Thematik

Achtung-Tatzen
weisen auf unangenehme Auswirkungen und »Stolperfallen« hin

Übungs-Tatzen
geben Tipps zu praktischen Übungsaufbauten und Trainingsmaßnahmen

Die Erziehung beginnt ...

... und sie beginnt am ersten Tag des Zusammenlebens von Ihnen und Ihrem Hund! Egal, ob Sie einen Welpen oder einen erwachsenen Hund in Ihre Familie aufgenommen haben, egal, ob es ein Hund vom Züchter, aus dem Tierheim oder aus der Zeitung ist: Von Beginn der Mensch-Hund-Gemeinschaft an gilt es, bestimmte Regeln einzuhalten, Grenzen zu setzen und zu beanspruchen, die Führung und Anleitung des vierbeinigen Hausgenossens zu übernehmen.

Natürlich bedarf es einer gewissen Eingewöhnungszeit, bis Tagesabläufe und Alltagsroutinen im Hund gefestigt sind. Dennoch gilt es von Anfang an klar zu vermitteln, was ganz sicherlich künftig nicht akzeptiert wird, was nur bis zu einem gewissen Punkt zu tolerieren ist und was vom Fellknäuel erwartet und erwünscht wird.

Hierbei sind zwei Punkte zu beachten:

1. Die Familie muss sich einig sein und gemeinsam an einem Strang ziehen. Ein Hü und Hott der einzelnen Familienmitglieder irritiert und verunsichert den Hund. Es führt dazu, dass er sich den ihm jeweils angenehmsten Part und/oder Partner in der jeweiligen Situation aussucht. Nehmen wir Menschen uns in diesem Zusammenhang ein Beispiel an den Caniden (Hundeartigen): Das statushohe Paar ist sich einig! Es wäre schön – und für Kind wie Hund so ungemein wichtig –, wenn es bei den Zweibeinern auch so wäre!
2. Der Mensch muss sich mit dem Lebewesen Hund und dem hundlichen Kommunikationsverhalten auseinandersetzen, um die von ihm zu vermittelnden Erziehungsinhalte auch hundeverständlich »rüberbringen« zu können. Solange Mensch und Hund völlig unterschiedliche Sprachen sprechen, sind Missverständnisse vorprogrammiert. Und Hund lernt sicherlich niemals, die Menschensprache zu sprechen, auch wenn er mit der Zeit bestimmte Begriffe mit bestimmten Handlungen zu verknüpfen versteht!

Die Sache mit der gemeinsamen Sprache

Vielleicht kennt der ein oder andere Leser aus seiner Schulzeit noch den Text von Peter Bichsel »Ein Tisch ist ein Tisch«. Ein alter Mann ist frustriert durch sein eintöniges Leben und versucht, die Langeweile seines Alltags dadurch zu durchbrechen, dass er die Dinge seiner Umgebung umbenennt.

»Dem Bett sagte er Bild. Dem Tisch sagte er Teppich. Dem Stuhl sagte er Wecker. Der Zeitung sagte er Bett. Dem Spiegel sagte er Stuhl. Dem Wecker sagte er Fotoalbum. Dem Schrank sagte er Zeitung. Dem Teppich sagte er Schrank. Dem Bild sagte er Tisch. Und dem Fotoalbum sagte er Spiegel.

Also: Am Morgen blieb der alte Mann lange im Bild liegen, um neun läutete das Fotoalbum, der Mann stand auf und stellte sich auf den Schrank, damit er nicht an den Füßen fror, dann nahm er seine Kleider aus der Zeitung, zog sich an, schaute in den Stuhl an der Wand, setzte sich dann auf den Wecker an den Teppich, und blätterte den Spiegel durch, bis er den Tisch seiner Mutter fand.

Der Mann fand das lustig, und er übte den ganzen Tag und prägte sich die neuen Wörter ein. Jetzt wurde alles umbenannt: Er war jetzt kein Mann mehr, sondern ein Fuß, und der Fuß war ein Morgen und der Morgen ein Mann.«

Anfangs war es noch lustig, doch die Geschichte endet traurig, denn niemand versteht mehr den alten Mann, der nun noch völlig vereinsamt.

Ähnlich ergeht es vermutlich dem Hund, wenn er nicht in der Lage ist, seinen Menschen zu verstehen, oder wenn jeder Mensch anders mit ihm redet, obwohl Gleiches erwartet wird. Lernen Sie deshalb eine »gemeinsame Sprache« für den Umgang mit Ihrem Hund, erkennen Sie die Symbol- und Signalkraft Ihres Körpers und wecken und festigen Sie das Interesse Ihres Hundes an Ihrer Person. Denn nur, wenn der Hund auf Sie achtet und Ihr Tun als für ihn spannend und attraktiv bewertet, werden Sie ihn mit Erziehungsmaßnahmen überhaupt erreichen können.

Häufig hat der Vierbeiner mehr Interesse an seinem Stoffhund. Nicht selten sendet dieser Stoffhund eindeutigere Signale als der Mensch ...

Häufig wird auf den Hund viel zu viel eingeredet, Wortlawinen prasseln auf ihn hinein und irgendwo, mittendrin und beiläufig, versteckt sich eine Anweisung. »Ich habe Dir doch schon hundertmal gesagt, dass ...! Und würdest Du

Was mag er wohl über uns Menschen denken? Vielleicht besser, wenn wir es nicht wissen ...

jetzt bitte ...? Kannst Du denn gar nicht hören? Verstehst Du nicht, was ich Dir sage? Oder willst Du mal wieder nicht verstehen? Und warum regst Du Dich überhaupt wieder so auf? Komm doch mal gucken, wie brav und lieb der andere Bello ist. Und Du bist wieder so

ungezogen und machst so ein Theater. Warum tust Du das nur?«

Merkwürdigerweise verstehen sich Hunde untereinander meist sehr gut. Dabei ist hier nicht das »Verstehen« im Sinne von »gut miteinander auskommen« gemeint, sondern das Verstehen der Intentionen des Gegenübers. Also das, was in der Mensch-Hund-Beziehung häufig im Argen liegt. Hunde untereinander achten auf die kleinsten körpersprachlichen Signale, reagieren auf Nuancen und orientieren sich an Gesten, Mimik, Gerüchen, Lautäußerungen. Damit sind ihre Sprache und ihr Verstehen auf viel mehr Aspekte ausgelegt, als es die menschliche verbale Sprache beinhaltet. Manch´ Hundehalter wünscht sich, sein Hund könne in der Menschensprache mit ihm kommunizieren. Wünschen Sie es sich lieber nicht, bestimmt würde es Ihnen nicht immer gefallen, was Ihr Hund Ihnen zu sagen hätte! Auch hören wir hin und wieder den Satz: »Ich würde so gerne wissen, was mein Hund über mich denkt!« Wir sind der festen Überzeugung, es ist besser, das nicht zu wissen. Bei so manchem Hundehalter würde es womöglich zum Aufsteigen leichter Schamesröte führen!

Wenn auch der Wunsch dem Gedanken entspringen mag, dass beim Vermögen der Beherrschung menschlicher Sprechweisen eben viele Missverständnisse zwischen Hund und Mensch ausgeschlossen werden könnten, und der Vierbeiner einfacher mittels Sprache angeleitet werden könnte, so wird er nie »perfekt Menschisch« sprechen. Gleichzeitig muss aber festgestellt werden, dass die hundliche Lernfähigkeit in Bezug auf die Entschlüsselung menschlicher Signale und Laute bedeutend besser ist als umgekehrt!

Versuchen Sie Ihr Agieren mit dem Hund stets als Einheit zu sehen: Sprechen Sie gezielt mit Ihrem Hund mit Worten und unterstützen Sie das Gesagte durch eindeutige körpersprachliche Gesten und angepasste Mimik. Ihre Lautäußerungen – und nichts anderes sind Ihre verbal gegebenen Anweisungen an den Hund – sind Signale, die durch die begleitenden körpersprachlichen Symbole eine verstärkende, eine hemmende oder, wenn nicht passend, eine verwirrende Wirkung auf den Hund haben. Machen Sie doch einfach einmal ein paar Testversuche, um die Wirkung Ihrer Körpersignale zu erleben. Noch besser nachvollziehbar ist es, wenn Sie die Übungsaufbauten aufzeichnen und sich anschließend die Reaktionen Ihres Hundes im Film, eventuell sogar in Zeitlupe, anschauen!

Einige Testaufbauten zur Verdeutlichung der Reaktionen des Hundes auf menschliche Signale:

1. Sie stellen sich breitbeinig hin, stemmen die Hände in die Hüften und beugen sich leicht vor. Dabei rufen Sie den Hund laut und barsch beim Namen.

   Im Unterschied dazu gehen Sie im zweiten Durchgang in die Hocke, öffnen die Arme weit auseinander, lächeln den Hund an und rufen freundlich und in normaler Lautstärke den Namen des Hundes.

Deutlich ist auf den Bildern die unterschiedliche Gestimmtheit des Hundes als Reaktion auf die menschliche Körpersprache zu sehen. Links = Meideverhalten und Verunsicherung, rechts = freudiges, unbelastetes Herankommen zum Menschen.

4

5

6

Der erste Aufbau wird den Hund nicht dazu animieren, zu Ihnen zu kommen. Stimmlage und Körperhaltung werden ihn von Ihnen fernhalten und wegdrängen. Er wird Sie als bedrohlich einstufen.
Der zweite Aufbau motiviert den Hund zum Kontakt mit Ihnen. Er fühlt sich willkommen und freundlich angenommen. Erhält er bei Ihnen auch noch ein Leckerchen, eine Streicheleinheit oder ein begehrtes Spielzeug, wird die Motivation noch erhöht.

2. Lassen Sie den Hund vorsitzen, Sie stehen sich also gegenüber. Ohne ein Wort beginnen Sie, sich leicht über ihn zu beugen, wobei Sie ihn starr fixierend anschauen. Je nach seiner psychischen Verfassung wird er schneller oder langsamer reagieren, aber reagieren wird er. Manche Hunde versuchen, dieser für sie unangenehmen, weil bedrohlichen Situation so zu entkommen, indem sie aufstehen und sich entfernen. Manche Hunde legen sich hin und vermeiden jeglichen Blickkontakt. Andere Hunde wiederum versuchen, die erfahrene Anspannung dadurch aufzulösen, indem sie am Menschen hochspringen. Häufig schütteln sich Hunde danach, ein Indiz für die innere Anspannung und den Stress, den diese kurze Manipulation bei ihnen verursacht hat!

Leicht unsichere Hunde versuchen, sich schnell dieser vermeintlichen Bedrohung zu entziehen, und gehen lieber weg.

Je nach Typ Hund, psychischer Stabilität und bestehender Bindung zum Menschen sind leichte bis deutliche Zeichen der Verunsicherung festzustellen, aber auch aggressive Reaktionen möglich.

Hunde untereinander nähern sich nicht forsch und geradlinig einander an, wenn sie sich nicht kennen. Das ist für sie respektlos und unangenehm. Entsprechend reagieren sie unter Umständen ausweichend und verunsichert, wenn dies der Mensch ihnen gegenüber so tut.

Achtung:

Bitte diese Tests niemals mit einem fremden Hund durchführen, denn eine aggressive Reaktion auf diese Provokation ist möglich! Auch mit extrem sensiblen Hunden sollte dieser Ablauf nicht durchgespielt werden, da die Tiere unter Umständen massiv verunsichert werden und das Verhältnis zwischen Besitzer und Vierbeiner unnötig belastet würde!

3. Gehen Sie mit forschem, schnellem Schritt und lautem »Hallo« auf einen fremden Hund zu, dabei reißen Sie die Arme nach vorn, eventuell klatschen Sie vor Ihrem Körper noch in die Hände. Schauen Sie den Hund direkt an. Was für uns Menschen den Beginn einer enthusiastischen Begrüßungszeremonie bedeuten kann, könnte den sensiblen oder unsichereren Hund verschrecken und dazu führen, dass er uns mit einem Satz nach hinten ausweicht. Manche Hunde versuchen, diese Situation mit einer vermeintlichen Spielaufforderung zu »entzerren«, wodurch sich der Mensch in seinem Tun bestätigt sieht. Doch haben wir es in diesem Fall eher mit einem sogenannten »gespielten Spiel« zu tun. Der Hund lenkt über die Spielaufforderung ab und versucht, die für ihn bedrohliche Situation in eine weniger brenzlige umzuwandeln. Dabei wird häufig noch gebellt und geknurrt, was aus der inneren Anspannung heraus geschieht. Alternativ gehen Sie normal bis beiläufig, eventuell etwas seitlich kommend auf den Hund zu, lächeln ihn an und nehmen sanft und ruhig mit »Hallo« oder »Na, Du« Kontakt mit ihm auf. Schwanzwedelnd und in freudiger Erwartung auf einen positiv gestimmten Sozialkontakt wird der Hund auf Sie reagieren.

4. Sie stehen mit dem Rücken zum Hund und geben ihm das verbale Kommando »Sitz«. Unsere Erfahrung ist, dass viele Vierbeiner sich dabei nicht angesprochen fühlen und gar nicht reagieren, vor allem dann, wenn sie nicht kommandofest sind. Dreht der Mensch sich aber zum Hund um und gibt das Kommando oder ein entsprechendes Sichtzeichen, wird die Anweisung zuverlässiger durchgeführt.

Die Sache mit dem Interesse

Ohne Interesse funktioniert nichts, erst recht keine Erziehung. Dass Sie an Ihrem Hund Interesse haben, ist leicht vorauszusetzen, denn sonst hätten Sie ihn vermutlich nicht zu sich genommen. Doch wie wird der Mensch für den Hund interessant? Schauen wir uns ein Alltagsszenario an, welches – leider! – gar nicht so selten anzutreffen ist:

»Ja, wo ist der kleine Schatz? Herrchen und Frauchen sind wieder da! Bist Du denn so müde, dass Du gar nicht ›Guten Tag‹ sagen kommst? Na, dann kommen wir doch zu Dir, Du kleines Herzerl!«

Während die einen Vierbeiner sich schier überschlagen, wenn ihre Menschen endlich wieder nach Hause kommen, so liegen andere völlig teilnahmslos und alles ignorierend irgendwo in der Wohnung, fühlen sich eher gestört durch als wirklich erfreut über die Heimkehrer. Hierbei sind nicht die Hunde gemeint, die aufgrund schlechter Erfahrungen mit dem Menschen dessen Heimkehr als angstauslösendes, stressendes Element erleben, sondern diejenigen, denen es schlicht egal ist, was ihre Menschen gerade so tun und die sich völlig desinteressiert am zweibeinigen Familienmitglied zeigen.

Unterschiedliche Hundetypen agieren und reagieren unterschiedlich. Herdenschutzhunden wird z.B. eine ausgeprägtere Selbständigkeit nachgesagt und weniger »will to please« im Zusammenleben mit dem Menschen.

Übertriebene Fürsorge führt leicht zum »Pascha-Dasein« des Hundes und zu Desinteresse am Menschen.

Warum sind Hunde oft desinteressiert am Menschen?

Es ist nur allzu menschlich, dass wir Menschen unseren Hunden häufig viel zu viel Aufmerksamkeit zollen, als für die Beziehung zu ihnen gut ist. Was macht er gerade? Wo geht er hin? Geht es ihm gut? Langweilt er sich vielleicht? Will er rein? Will er raus? Hat er Hunger? Hat er Durst? So geht es in manchen Haushalten mit Hund den ganzen Tag. Wie es um die menschlichen Bedürfnisse dieser sozialen Gruppe bestellt ist, scheint nicht relevant zu sein. Hauptsache, der Hund fühlt sich wohl. Denn man hat ihn ja so lieb. Und deshalb muss ihm unsere Zuneigung auch ohne Unterlass bewiesen werden. Er wird überhäuft mit Streicheleinheiten, Spielsequenzen und Futterbröckchen, die er natürlich »einfach so« erhält, ohne auch nur die geringste Gegenleistung dafür aufbringen zu müssen. Zuwendung ohne Ende und ohne eingeforderten Gegenwert. In diesem Zusammenhang wird also der Begriff »Fürsorge« völlig falsch interpretiert. Der Hund als Opportunist genießt, nimmt an, was er kriegen kann, und kümmert sich in keinster Weise weiter um den Menschen, was er auch nicht braucht, da der Mensch sich in vollen Zügen um ihn kümmert.

Bei so viel übertriebener »Liebe« ist es kein Wunder, dass der Vierbeiner kaum den Kopf hebt, wenn wir vom Einkaufen oder der Arbeit nach Hause kommen. Aber anstatt ihn nun in Ruhe zu lassen und Gleiches mit Gleichem zu vergelten, geht Mensch an sein Körbchen, streichelt, drängt Schmusereien auf und

spricht vermeintlich verständnisvoll wie im Einleitungssatz dieses Kapitels wiedergegeben den Hund an. Dabei muss bereits der Welpe lernen, dass der Mensch nicht sein 24-Stunden-Alleinunterhalter ist!
Aber es gibt auch Hunde, in deren Leben der Mensch bislang keine wesentliche Rolle spielte und die von seiner Fürsorge eher verunsichert werden und eingeschüchtert reagieren. Der vom Tierschutz stammende Hund aus dem Süden oder der aus einer osteuropäischen Tötungsstation kommende Vierbeiner hat eventuell, wenn überhaupt, nur schlechte Erfahrungen mit dem Menschen gemacht und tendiert eher dazu, vor diesem zu flüchten. Ähnlich reagiert der im Stall oder Keller aufgewachsene Welpe, der aus der Hand eines Hundehändlers oder Massenzüchters gekauft wurde. Auch hier schafft ein wenig anfängliche Distanzwahrung des Menschen dem Hund die Ruhe und den Raum, sich langsam an den Menschen zu gewöhnen, sich von ihm nicht bedrängt und überrumpelt zu fühlen und seine Gesellschaft genießen zu lernen. Die in diesem Kapitel gegebenen Tipps und Übungen sind auch in angepasster Dosis auf diese Hunde anwendbar.

Manche Tierschutzhunde hatten in der Vergangenheit wenig oder nur negativen Kontakt mit Menschen.

»Hund, achte auf mich!«

Was kann der Mensch also gegen das Desinteresse des eigenen Hundes an ihm machen? Die Antwort ergibt sich eigentlich von selbst: Der Mensch muss sich interessant und für den Hund attraktiv machen! Überlegen wir, was Attraktivität bedeutet, und nehmen wir die Definition von Dr. Udo Gansloßer zur Hilfe: »Attraktivität (beschreibt) alle Eigenschaften, die den Artgenossen als Beziehungspartner interessant machen. Verhaltensbiologisch spricht man hier auch von RHP (Ressource Holding Power = Sammelkategorie, die sehr viele Aspekte von Durchsetzungsvermögen, Standfestigkeit, Kenntnisse über Ressourcen und deren Nutzung, etc. enthält), denn unter dem Attraktivitätsbegriff verbergen sich so vielfältige Dinge wie Status, Rangposition, Revierbesitz, Herrschaftswissen (...).« (2007)
Auch, wenn wir kein »echter« Artgenosse sind, so stellt der Mensch durchaus einen Sozial- und Bindungspartner dar, der nach hundlichen Maßstäben bewertet wird.

Im häuslichen Rahmen lässt sich das Desinteresse des Hundes ja noch leicht ertragen, auch wenn es frustrierend ist. Menschen sind erstaunlich leidensfähig, wenn es um das »Wohl« des Hundes geht. Außerhalb des Hausstandes wird der Vierbeiner aber unter Umständen ebenso desinteressiert agieren. Er wird Anweisungen geflissentlich überhören, sich zunehmend unkontrollierbar erweisen und für die Ansprache seines Menschen nicht mehr empfänglich sein. Der Definition von Gansloßer folgend wird deutlich und nachvollziehbar, dass mangelnde Attraktivität des

Manchmal ist es ein weiter und steiniger Weg, bis aus Mensch und Hund ein echtes Team wird.

Menschen zu vielerlei Beziehungsfolgeproblemen führen kann, z.B. Statusproblemen und die unerlaubte Nutzung und Verteidigung von Privilegien.

Achtung:

Desinteressiertes Verhalten zeigt sich auch in vielen anderen Bereichen des täglichen Zusammenlebens und entwickelt schnell eine Vielzahl von Ausprägungen des allgemeinen Ungehorsams. Was gerade nicht im Sinne des Vierbeiners ist, wird nicht registriert, befolgt, beachtet und/oder ausgeführt!

Tipps zur Erhöhung des Interesses Hund › Mensch:

- Bei desinteressierten vierbeinigen Hausgenossen hilft oft schon ein häufigeres Nichtbeachten, damit er wieder Freude an der ihm geschenkten Aufmerksamkeit entwickeln kann und sie nicht als »normal« oder sogar »nervend« empfindet.
- Es ist zudem hilfreich, den Hund aus dem Zimmer zu schicken, während man selber dort verweilen und den Abend genießen möchte. Es heißt nicht umsonst: »Distanz schafft Nähe.«
  Aber bitte **nicht** falsch verstehen: Wir sprechen hier nicht von lang anhaltender, sozialer Isolation, was heutzutage schon fast zur Mode geworden und sogar Grundlage vieler sogenannter »Methoden« ist – sehr zum großen Nachteil unserer Hunde. Diese »moderne Art des Umgangs mit unserem Vierbeiner« halten wir für tierschutzrelevant! Hunde sind soziale Lebewesen und brauchen die Nähe ihres Sozialpartners Mensch. Aber eben nicht immer und andauernd!

Übungen zur Erhöhung der Attraktivität des Menschen:

Machen Sie einmal etwas ganz Neues gemeinsam mit Ihrem Hund:

- Verstecken Sie Futter und lassen es vom Hund suchen. Das kann in der Wohnung ebenso geschehen wie draußen.

Futterspiele sind bei Hunden beliebt.

- Verstecken Sie das Lieblingsspielzeug und lassen es vom Hund suchen. Das kann in der Wohnung genauso geschehen wie draußen.

Das Suchen in jeglicher Form ist eine spaßbringende, sinnvolle Beschäftigung.

- Gehen Sie mit dem Hund an eine Stelle, wo es besonders spannend für ihn ist und er nach Herzenslust buddeln, stöbern, schnüffeln oder plantschen kann, je nach Vorliebe.

Ausgelassenes Spiel in freier Natur ist eine Freude für jeden Hund.

- Lassen Sie ihn gezielt etwas erschnuppern. Dafür können Sie z.B. einen Karton mit zusammengeknülltem Papier füllen und darin eine Pansenstange versteckten. Für fortgeschrittene Schnüffler stülpen Sie mehrere Pappkartons ineinander, wobei im innersten Pappkarton eine Futterbelohnung versteckt ist.

- Bohren Sie in den Hals einer großen Plastikflasche zwei Löcher und stecken Sie einen Stab hindurch. Nun geben Sie vor den Augen Ihres Hundes einen Futterbrocken in die Flasche und halten sie ihm am Stab entgegen. Der Hund kann nun ausprobieren, wie er an den Futterbrocken gelangt. Dieser wird herausfallen, wenn er die Flasche umdreht. Eine Vielzahl guter »Beschäftigungsideen für den Familienhund« gibt unsere gleichnamige, im Handel erhältliche DVD.

Gemeinsame Aktivitäten und Spiele schaffen Bindung und das Interesse Ihres Hundes an Ihrer Anwesenheit wird deutlich gesteigert.

- Überlegen Sie doch mal, wann Sie das letzte Mal ausgelassen mit Ihrem Hund gespielt haben? Hiermit ist gemeinsames, durch Sie initiiertes und kontrolliertes Spiel gemeint.

- Viele Hunde lieben sportliche Aktivitäten. Lassen Sie Ihren Hund beim Spaziergang doch gezielt und mit Kommando über liegende Bäume springen oder darunter herkrabbeln, über gestapelte Bäume balancieren und klettern, vielleicht kombiniert mit Bleib- und Abrufübungen.

Hunde genießen das körperbetonte Spiel mit dem Menschen ebenso wie mit Artgenossen.

Auch ein Slalom um Bäume oder durch Ihre Beine kann für den Hund lustbetont sein.

Und beenden Sie derartige Aktivitäten, wenn der Spaß Ihres Hundes noch auf einem hohen Level ist!

Nichts im Leben ist umsonst – und so muss auch der Hund sich sein Futter »verdienen«.

- Verzichten Sie auf die ausschließliche Verwendung eines Futternapfes und verabreichen Sie einen Teil der täglichen Ration bei gemeinsamen Aktivitäten. Dabei bekommt der Hund Futter aber nicht einfach aus Ihrer Hand zugereicht, sondern in Verbindung mit verschiedenen Anweisungen, für deren Befolgung er sich dann Futter verdient. Auch für den Hund gilt: »Nichts im Leben ist umsonst!«

- Sprechen Sie beim Spaziergang Ihren über eine 5-m-Leine gesicherten Hund mit Namen an. Schaut er Sie an und kommt zu Ihnen, erhält er Futter. Reagiert er nicht, so bekommt er nichts, natürlich aber auch nicht später zu Hause. Er lernt, dass sich die Reaktion auf den Menschen für ihn lohnt und ihm den Magen füllt. Sein Wohlergehen steht also in direkter Abhängigkeit zum Menschen!

- Sprechen Sie den Hund in der Wohnung an. Reagiert er und kommt zu Ihnen, erhält er Futter, Streicheleinheiten oder ein verbales Lob, sonst nicht.

- Geben Sie ihm eine Anweisung »Sitz« oder »Platz«. Reagiert er und befolgt die Anweisung, bekommt er Futter, Streicheleinheiten oder ein verbales Lob, sonst nicht.

Abhängigkeit schafft Interesse!

Desinteressiertes Verhalten lässt sich in den meisten Fällen durch Reduzierung der zugeteilten Aufmerksamkeiten in vermehrtes Interesse umwandeln. Es geht nicht darum, dem Hund durch permanente Zuneigungsbekundungen zu beweisen, wie sehr man ihn liebt, sondern ihm zu demonstrieren, dass alles, was er vom Menschen empfängt, Privilegen sind, die er sich verdienen muss, die er leicht erhalten kann, wenn er auf den Menschen reagiert, sich für diesen interessiert und auf ihn achtet.

Bitte bedenken:

→ Auch Erziehungsmaßnahmen bedeuten für den Hund in erster Linie Zuwendung, Aufmerksamkeit und gemeinsames Tun mit dem Sozialpartner Mensch! Und gelobt und bestätigt wird nicht nur mit Futter, sondern auch mit Sozialkontakt (Streicheln, sanfte, liebevolle Verbalkommunikation).

Das »Zauberwort« – Etablierung eines Markerwortes

Sinnvoll bei der Erziehung – und vor allem sehr hilfreich zur Begegnung von Desinteresse des Hundes am Menschen! – ist die Etablierung eines Markerworts oder Spruchs wie »Guck´mal«, »Schau« oder etwas Vergleichbarem. Wird diese Aufforderung an den Hund gegeben, so bedeutet es gleichzeitig immer, dass deren Befolgung für den Hund einen großen Vorteil bringt. Das können besondere Futterbrocken sein, aber auch ein besonderes Spielzeug, das er eine Weile tragen darf, einfach immer etwas, was für den Hund äußerst belohnend und lustgewinnend ist.

Wichtig in diesem Zusammenhang ist es, sich als Mensch deutlich zu machen, wie Lernen beim Hund »funktioniert« – übrigens ist es auch (mal wieder) beim Menschen nicht wirklich anders. Egal, ob bewusstes Lernen oder ein eher beiläufiges Lernen im Alltag, immer läuft es nach den grundsätzlichen Zusammenhängen ab: Was bringt es mir, wenn ich das tue oder jenes lasse? Was einen Vorteil bringt, wird gern und immer wieder getan. Denken wir hier zum Beispiel an den Bettler bei Tisch. Sobald der Hund mit dem Verweilen am Tisch Erfolg hatte und sich ein leckeres Häppchen ergattern konnte, weiß er, dass es sich für ihn lohnt, diese Strategie zu betreiben! Was nichts oder womöglich einen Nachteil nach sich zieht, wird vermieden, zumindest in den meisten Fällen.
Bleiben wir bei dem Bettel-Beispiel: Bezieht der Hund seinen Posten in erwartungsvoller Haltung am Tisch, wenn die Familie sich zum Essen setzt, erhält er niemals (!) Aufmerksamkeit oder womöglich etwas Leckeres zugeschoben. So wird er sein Tun als ineffektiv bewerten und zukünftig gar nicht erst in die Nähe des Tisches kommen, wenn die Menschen sich dort zum gemütlichen Mahl versammeln. Somit ist Lernen erfolgsorientiert und wesentlich mit dem erzielten Resultat verknüpft. Auf unsere Hunde bezogen und ganz einfach ausgedrückt: Wird eine gezeigte Handlung vom Menschen belohnt, so wird die Handlung verstärkt. Allerdings ist in der vorangegangenen Schilderung noch kein eigent-

licher »Befehl« mit enthalten. Dieser wird mit eingeführt, wenn der Hund gelernt hat, dass eine bestimmte Handlung bzw. Verhaltensweise (z.B. das Sitzen, Liegen) für ihn lohnenswert ist. Was dies bedeutet in Bezug auf die Kommandos »Sitz« und »Platz« und andere, wird an späterer Stelle eingehender erklärt. Für unser Markerwort »Guck mal« oder »Schau« bedeutet es ganz einfach, dass zuerst der vom Hund angebotene Blickkontakt nach Nennung seines Namens mit Futter, freundlicher Stimme, positiv gestimmter Mimik bestätigt wird. Dann wird das zugehörige Markerwort mit eingeführt. Solange der Hund den Begriff, also das Markerwort, noch gar nicht kennt, kann er es auf Befehl nicht ausführen! Erst muss er erlernen können, seine Handlung und den Befehl miteinander zu verknüpfen.

Aufbau eines Markerwortes: »Guck´mal«, »Schau« oder Ähnliches

- Im ersten Schritt wird der Hund mit seinem Namen angesprochen. Wendet dieser daraufhin seinen Kopf in Richtung des Menschen, wird ihm ein Futterbrocken gezeigt. Der Mensch führt ihn zu seinem Gesicht und gibt ihn dann zum Hund nach unten. Nach nur wenigen Wiederholungen hat der Hund die Erwartungshaltung: Name hören = Aufmerksamkeit auf Menschen richten = Futter. Sollte der Hund auf das Aussprechen seines Namens nicht reagieren, so erhält er natürlich auch kein Futter. Eventuell sollte hier gemäß der Anleitung in unserem Buch »Was ein Welpe lernen muss« zuerst noch einmal das Kapitel »Ich heiße …« geübt werden.

Namen hören – Aufmerksamkeit auf den Menschen richten – Futter bekommen.

- Im zweiten Schritt wird der Hund mit seinem Namen angesprochen. Wendet dieser daraufhin den Kopf in Richtung Mensch, wird sofort das entsprechende Markerwort gesagt und der Hund erhält die Belohnung. Nach nur wenigen Wiederholungen hat der Hund gelernt: Name und Markerwort hören = Aufmerksamkeit auf den Menschen richten = Futter.

- Im dritten Schritt wird der Hund nur mit dem Markerwort angesprochen. Wendet er daraufhin den Kopf in Richtung Mensch, erhält er die Belohnung. Nach nur wenigen Wiederholungen hat der Hund gelernt: Markerwort hören = Aufmerksamkeit auf den Menschen richten = Futter.

- Eine andere Möglichkeit ist, den Hund in dem Augenblick mit dem Markerwort anzusprechen und mit einem Lob (wenn der Hund etwas weiter entfernt ist) oder mit Futter (wenn er herangekommen ist) zu bestätigen, wenn er dieses Verhalten gerade zufällig zeigt.

- Beide Varianten lassen sich auch gut miteinander kombinieren!

- Reagiert der Vierbeiner auf Ansprache nicht (obwohl er eigentlich seinen Namen sehr wohl kennt), so kann der Mensch auch gut einmal kurz mit der Zunge schnalzen oder den Hund anstupsen, um seine Aufmerksamkeit zu erzielen.

Name plus Markerwort – Aufmerksamkeit auf den Menschen richten – Futter bekommen.

Achtung Fehlerquellen

- Wird das Kommando zu spät gegeben, so kann der Hund Handlung und Befehl nicht verknüpfen.

- Wird das Kommando zu früh gegeben, nämlich wenn der Hund seinen Kopf noch gar nicht in Richtung Mensch gedreht hat, so kann der Hund Handlung und Befehl nicht verknüpfen. Deshalb ist das Markerwort erst als Kommando einsetzbar, wenn der Vierbeiner zuverlässig auf Ansprache mit seinem Namen den Kopf herumwendet.

- Wird die Belohnung zu spät gegeben, so kann der Hund seine Handlung mit der erhaltenen Bestätigung nicht mehr in Verbindung bringen. Folgen: Die Handlung ist nicht mehr lohnenswert und wird zukünftig nicht mehr zuverlässig gezeigt oder sogar gänzlich eingestellt. Unter Umständen stellt der Hund eine falsche Verknüpfung her, wenn er in dem Augenblick, in dem er die Belohnung erhalten hat, bereits etwas völlig anderes tut.

- Ungeduld des Zweibeiners ist – wie bei allen Erziehungsschritten! – ungünstig und behindert den Lernerfolg!

Wann und warum ein Markerwort eingesetzt werden kann

- Vor dem Ableinen zum Freilauf oder Spiel mit Kumpanen lässt sich das Markerwort gut einsetzen, um die Aufmerksamkeit des Hundes noch einmal auf sich zu lenken, bevor er losstürmen darf.

- Auch zum Aufbau und zur Stärkung des Bindungs- und Abhängigkeitstrainings ist die Verwendung des Markerwortes geeignet, aber auch ganz einfach zur Einleitung einer jeden positiven Kontaktaufnahme zum Hund.

- Grundsätzlich lässt sich das Markerwort immer dann einsetzen, wenn der Mensch eine Aktivität mit der Fellnase einleiten möchte.

- Bei Begegnungen mit Hunden, aber auch mit Menschen, kann der Gebrauch des Markerwortes dazu genutzt werden, die Aufmerksamkeit vom Entgegenkommenden auf den Besitzer umzulenken.

Mit »Guck´mal« geht es auch viel leichter an Reizen vorbei.

Hunde, die in solchen Momenten dazu neigen, ein unerwünschtes Verhalten zu zeigen, können dadurch frühzeitig vom

Reiz abgelenkt und zu einem akzeptablen Verhalten geführt werden. Auch für Hunde, die durch entgegenkommendes Unbekanntes verunsichert oder geängstigt werden und übermäßig in Stress geraten, können durch diese Maßnahme unter Umständen aufgefangen werden.

Achtung:

Natürlich darf der Hund nicht mit Futter und Stimme belohnt und bestätigt werden, wenn er das unerwünschte Verhalten bereits zeigt! Hier ist es am Besitzer, frühzeitig und vorausschauend zu agieren und zu reagieren, statt mit dem Gebrauch des Markerwortes auf bereits aufgezeigtes unerwünschtes Verhalten des Hundes zu reagieren. Erinnern wir uns an die Ausführungen zum Lernen; bei einer derartigen Vorgehensweise würde der Hund vermittelt bekommen, dass gerade dieses Verhalten seinen Erfolg sichert. Er macht die Erfahrung: Ich mache Theater, bekomme daraufhin Zuwendung durch Ansprache und Futter. Also wird das auch zukünftig das Verhalten seiner Wahl sein!

Das »Zaubermittel« Schleppleine

Ein gezielt aufgebautes Training mit der Schleppleine ist in vielerlei Beziehung sinnvoll und hilfreich. Eine Schleppleine ist eine dünnere Leine aus Kunststoff oder Leder, die nur mit einem Karabiner versehen ist und am Halsband oder Geschirr befestigt wird. In der Regel wird auf eine Handschlaufe verzichtet, da der Hund diese Leine hinter sich herzieht und sie nicht – im Unterschied zu einer längeren Arbeitsleine – vom Hundehalter in der Hand gehalten wird.

Im Handel erhältlich sind auch breitere Gurtleinen, die an einen Rollladengurt erinnern. Sind diese Leinen aus Baumwolle, so sind sie sehr schnell verschlissen und reißen. Außerdem saugen sie sich bei schlechtem Wetter leicht mit Wasser voll und werden recht schwer. Diese Leinen sollten daher mit einer Kunststoffbeschichtung versehen sein. Gut geeignet sind runde Kernmantelseil- und runde Nylonleinen, deren Stärke in Abhängigkeit zur Größe und Kraft des Hundes stehen sollten, und flache Leinen aus Biothane-Material.

Vor der Anwendung einer 10 oder gar 15 Meter langen Schleppleine, steht das Üben mit einer 5 Meter langen Leine. Bei stark ziehenden Vierbeinern sollte auf jeden Fall ein Geschirr benutzt werden. Ansonsten reicht bei der 5-Meter-Leine ein gut sitzendes, breites Halsband. Während dieser ersten Trainingsphase kann sich der Hund an das Laufen mit der hinter ihm herschleifenden Leine gewöhnen, die durchzuführenden Übungen lassen sich bereits unmittelbar umsetzen (z.B. Richtungswechsel, Heranrufen, Übungen auf Distanz). Ein längeres Stehenbleiben des Hundes in der Landschaft oder gar Beinheben ist schneller zu unterbrechen. Er lernt, dass er sich auf seine Menschen konzentrieren muss, da sie ihn ansonsten einfach mitnehmen.

Geht der Hund ohne Probleme an der 5-Meter-Leine und hat auch der Zweibeiner sich an den Umgang damit gewöhnt, kommt die schon erwähnte 10 oder 15 Meter lange Schleppleine zum Einsatz. Mit allen hier angesprochenen Leinen sollte dem Hund untersagt werden, eigenständig in den Wald zu gehen! Zum einen soll der Hund im Wald ohnehin auf dem Weg bleiben, zum anderen entsteht dann auch kein »Leinenchaos«. Diese Maßnahme macht das Training für beide Seiten viel entspannter.

Schleppleinentraining eignet sich für viele Übungsaufbauten.

Übungen mit Schleppleine

Üben des Rückrufs: Der Hund läuft voran und darf die Leinenlänge fast komplett ausnutzen.
Dann wird er mit Namen angesprochen, gerufen oder zurückgepfiffen. Ist er bei uns angekommen, erhält er sofort eine Belohnung! Sofort heißt **SOFORT**, ohne jegliche Verzögerung (Tasche links, Tasche rechts, kram, kram, wo hab ich denn jetzt die Leckerchen?). Und »sofort« heißt SOFORT nach dem **Herankommen** des Hundes ohne jegliche Forderung der Ausführung diverser Zusatzkommandos! Kein »Sitz«, kein »Platz« oder »Steh«, sondern sofortige Belohnung, damit er diese mit dem Herankommen verknüpfen kann. Kommt der Hund auf Namensnennung, Ruf oder Pfiff nicht zurück, so wird der Rückruf/Pfiff auf keinen Fall mehrmals wiederholt. Vielmehr wird der Vierbeiner mittels der Leine herangeholt und erhält selbstverständlich beim Menschen auch seine Belohnung. Schließlich soll er lernen, dass das Herankommen auf jeden Fall für ihn von Vorteil ist. Alternativ kann der Mensch in dieser Situation auch die Leine vom Boden aufheben, den Blickkontakt zum Hund halten und rückwärts von ihm weggehen. Dadurch kann der Hund nur brav und folgsam auf den Menschen zulaufen. Schließlich sind beide Partner durch die Leine verbunden!

Üben von Folgebereitschaft durch Richtungswechsel, ohne den Hund dabei zu beachten (dies lässt sich besonders gut an Wegkreuzungen üben): Sie gehen kommentarlos am Hund vorbei und setzen Ihren Weg fort. Dabei wählen Sie immer gerade den Weg, den Ihr Vierbeiner eigentlich nicht gehen wollte! Schließt Ihr Hund zu Ihnen auf, wird kurz mit der Stimme gelobt.
Zu Beginn sollten diese Richtungswechsel unbedingt in reizarmer Umgebung stattfinden, damit der Hund seine Aufmerksamkeit und Konzentration leichter auf den Menschen richten kann. Doch im Verlauf des Trainings wird die Ablenkung gesteigert, um dem Hund zu verdeutlichen, dass es auch in »spannenden« Situationen für ihn lohnenswerter ist, sich seinem vermeintlich »langweiligen« Menschen anzuschließen und ihm zu folgen.

Übungen mit der Schleppleine lassen sich einfach während der normalen Spaziergänge einbauen, man braucht keine gesonderte Trainingszeit dafür einzukalkulieren. Voraussetzung ist eben nur, wie schon gesagt, dass Hund und Mensch sich an die lange Leine und deren Handhabung gewöhnt haben.

Richtungswechsel fordern die Aufmerksamkeit des Vierbeiners.

Achtung Fehlerquellen

- Häufig erleben wir im Training, dass die Menschen Probleme im Umgang mit der Leine haben. Sie sagen dann gerne: »Mein Hund kommt damit nicht zurecht!« Menschen und Hunde verheddern sich in der Anfangsphase häufig in der Leine. Man sieht ihnen an, dass sie ihnen lästig ist. Das bessert sich im Laufe des Trainings. Nur Geduld! Es gilt auch hier: Nicht zu schnell aufgeben und meinen: »Klappt eh nicht!«
- Der Hund wird gerufen, kommt aber nicht zurück und erfährt auch keine Konsequenzen. (Konsequenzen wären z.B. das Heranholen mittels der Leine oder das Umdrehen, Zurückgehen, Weglaufen mit Richtungswechsel vom Menschen aus.)
- Oft erfolgt ein zu frühes »Umsteigen« von der 5-Meter-Leine auf die längeren Leinen. Solange es über die Distanz von fünf Metern nicht sicher und zufrieden stellend klappt, darf die Leinenlänge nicht erhöht werden!

Ist der Hund ungesichert ohne Leine, so sind Korrekturen nicht möglich.

- Oft erfolgt ein zu frühes »Umsteigen« von der 5-Meter-Leine auf den Freilauf. Solange die Kommunikation über die Distanz von fünf Metern nicht sicher und zufriedenstellend klappt, darf die Schleppleine nicht abgenommen werden!

- Absolut tabu und verboten ist es, mit Gewalt an der Leine zu reißen!

Wozu die Schleppleine eingesetzt werden kann

- Zum Einüben oder Festigen des Rückrufs.

- Zur Beschränkung des Radius´, in dem sich der Vierbeiner frei bewegen kann.

Die Schleppleine beschränkt den Hund auf einen erlaubten Radius.

- Zur Kontrolle von Hunden, die jagen oder/und bereits Jagderfolg hatten.

- Zur Kontrolle von Hunden, die motiviert sind, Jogger, Radfahrer usw. zu verfolgen.

- Um ein Weglaufen zu entfernt gesichteten Hunden oder Menschen zu verhindern.

- Zur Fixierung von Hunden, die sich nicht gerne anleinen lassen und nur bis auf eine kurze Distanz zum Menschen kommen, um dann fröhlich hopsend oder auch verunsichert wieder davonzulaufen.

- Zur Kontrolle in der Einübungsphase des sichereren Freilaufs bei erwachsenen Hunden und bei Junghunden, die beginnen, sich zu verselbständigen.

- Bei Tierschutzhunden, die (noch) Angst vor dem Menschen haben, ermöglicht die Schleppleine zu Beginn von Trainingsmaßnahmen den scheuen Tieren eine größere Distanz zum Zweibeiner, trotzdem sind sie gesichert.

- Schleppleinentraining stellt eine gute Maßnahme bei Desinteresse am Hundehalter dar!

Achtung:

Bei großen und/oder ungestümen Hunden stellt das Schleppleinentraining eventuell eine nicht zu unterschätzende Gefahr für den Hundehalter dar! Er kann umgerissen werden und sich verletzen. Ist die lange

Leine mit einer Schlaufe versehen, was bei einer Schleppleine eigentlich nicht der Fall sein sollte, aber bei langen Arbeitsleinen vorkommt, sollte man sich diese **niemals** um das Handgelenk wickeln! Im Notfall, zum Beispiel, wenn der Vierbeiner losstürmt, muss die Leine schnell fallen gelassen werden können. Ist von einer Gefahr für den Hundehalter auszugehen, raten wir zum Üben an der normalen Ausgehleine, die auf zwei Meter verlängert werden kann.
Wichtig: Eine Schleppleine, egal welcher Länge, darf auf keinen Fall am Halti (Kopfhalfter) befestigt werden! Die Verletzungsgefahr für den Hund im Hals- bzw. Nackenwirbelbereich wäre dabei extrem groß.

Bitte bedenken:

→ Nur wochenlanges, eher sogar monatelanges, konsequentes Training kann zum Erfolg führen!
Um dem Hund das Laufen an der Schleppleine angenehm zu machen, sollten zwischendurch immer wieder Spielsequenzen mit eingebaut werden.
Um das Schleppleinentraining erfolgreich einzusetzen, darf der Vierbeiner keine Möglichkeit haben, sein altes Verhalten zu zeigen (wie z.B. Jagen). Daher darf er in der Trainingsphase nicht ohne Schleppleine laufen!

Ungehindertes Rennen, Spielen und Toben macht viel mehr Spaß als zu gehorchen. Doch befolgt der Hund das Rückrufsignal nicht zuverlässig, wird ihm dieses Privileg immer seltener zugestanden werden können.

Die Sache mit der Bindung

Bereits in »Was ein Welpe lernen muss« haben wir ausführlich über die Bedeutung von Bindung, den Bindungsbegriff und die Bindungsstärkung geschrieben. Bindung ist die entscheidende Basis für alles rund um den Hund, doch neben dem Welpen ist es gerade bei »Second-hand«-Hunden wichtig, Bindung vom Hund zum Menschen aufzubauen, Vertrauen zu gewinnen und dem Vierbeiner Abhängigkeiten bewusst zu machen. Bindungs- und vertrauensfördernd erweisen sich gemeinsame, lustbetonte Unternehmungen mit dem Hund, doch auch klare Grenzsetzung, das Aufstellen und Einhalten von Regeln und das Etablieren von gewissen Routinen, an denen sich vor allem unsichere Hunde orientieren können. Eine klare, hundeverständliche Vorgabe der Richtung, in die es in der Mensch-Hund-Gemeinsamkeit gehen soll oder eben nicht, gibt dem Hund Sicherheit: Was der Mensch regelt, muss vom Hund nicht geregelt werden! Sicherheit schafft Vertrauen, und dieses Vertrauen ist unabdingbar für Bindung. Um langwierige Wiederholungen in unseren Büchern zu vermeiden, geben wir nachfolgend nur einige Punkte an, die zum Bindungsaufbau und zur -stärkung beitragen können.

Herstellen von Körperkontakt: Spielen Sie »Tierarzt« mit Ihrem Hund und berühren Sie ihn am gesamten Körper. Streichen Sie langsam und sanft alle Extremitäten entlang, massieren Sie mit leichten, kreisenden Bewegungen den Rücken vom Nacken beginnend bis zum Rutenansatz. Streichen Sie abschließend nochmals in gleicher Richtung mit der ganzen Hand erst rechts der Wirbelsäule abwärts, dann links. Streicheln Sie daraufhin mit kreisenden Bewegungen die Körperseiten, von Brustkorb zu den Flanken. Sorgen Sie bei dem Körperkontakt für eine entspannte Atmosphäre. Bei handscheuen Hunden muss diese Übung in **kleinsten** Trainingsschritten aufgebaut werden. In dem einen oder anderen Fall ist es sicherlich sinnvoll und hilfreich, den Rat eines kompetenten Hundetrainers in Anspruch zu nehmen.

Beschäftigen Sie sich bewusst im Spiel mit dem Hund. Diese, durch Sie initiierten Spielsequenzen sollten eher kurz gehalten werden, damit der Spaß des Hundes daran nicht erlischt, sondern auf hohem Level gehalten wird. Statt eines langen Spiels empfiehlt es sich, lieber mehrere kurze Spieleinheiten über den Tag zu verteilen. Gespielt wird, wenn Sie es möchten, nicht, wenn der Hund Ihnen Ball, Teddy oder Spieltau vor die Füße wirft!

Spielen Sie mit Ihrem Hund, wenn Sie es möchten, aber nicht, wenn der Hund Sie penetrant dazu drängt, obwohl Sie gerade beschäftigt sind oder einfach keine Lust haben.

Verunsicherte Hunde brauchen keinen Zuspruch, sondern einen souveränen Partner, der ihnen eine Stütze ist.

In Situationen, die den Hund verunsichern, helfen Sie ihm durch souveränes, ruhiges Handeln. Lassen Sie ihn spüren, dass er sich auf Sie verlassen kann und Sie ihm zur Seite stehen!

Erschreckt er sich z.B. auf dem Spaziergang vor einem plötzlich auf der Wiese liegenden Heuballen, der gestern noch nicht dort lag, so zwingen Sie ihn nicht, sich dieses »Monster« anzusehen, um die Ungefährlichkeit zu erleben. Er fühlt sich dieser Konfrontation vielleicht nicht gewachsen. Stattdessen können Sie ihm mittels der langen Leine die Möglichkeit bieten auszuweichen und den Konflikt für sich durch Schaffung einer größeren Distanz zu bewältigen. Gleichzeitig können Sie sich aber ruhig und unbeteiligt mit dem Rücken an den Heuballen lehnen oder in unmittelbarer Nähe auf die Wiese setzen. Kommt der Hund dann heran, um vorsichtig die Lage zu erkunden, setzt sich womöglich zu Ihnen oder legt sich an Ihre Seite, widmen Sie sich ihm, streicheln ihn oder geben ihm ein Leckerchen.

Achtung:

Achten Sie bei unsicheren Hunden aber bitte immer auf die körpersprachlichen Signale, die der Vierbeiner aussendet. Muten Sie ihm keine Konfrontation zu, die er nicht aushalten kann. Hier müssen Sie in ganz kleinen Schritten arbeiten und den Hund an die beängstigende, verunsichernde Sache (Situation oder Objekt) behutsam heranführen.

Solange er sich angespannt und »zerfleddert« zeigt, sind Sie auf ruhige, inaktive Art und Weise für ihn da. Dabei erfährt er keine (womöglich von Ihnen beruhigend oder erklärend gemeinte) Ansprache und keine Zuwendung, da Sie ihn damit in seinem unsicheren Verhalten bestätigen würden. Zukünftig würde er nicht weniger, sondern immer mehr Unsicherheiten zeigen, da ihm diese positiven Kontakt des Menschen einbringen! Zugegeben: In manchen Situationen und bei manchen Hunden eine schwierige Gratwanderung für den Hundebesitzer. Um sich richtig verhalten zu können, braucht man Fingerspitzengefühl sowie erhebliche Kenntnisse in den Bereichen Hundeverhalten und hundliche Körpersprache. Holen Sie sich im Zweifelsfall immer fachliche Hilfe in einer kompetenten Hundeschule.

Der Umgang mit der Unsicherheit des Hundes erfordert ein gewisses Maß an Kenntnis von Hundeverhalten und Körpersprache und viel Fingerspitzengefühl.

Zaubermittel Handfütterung

Eine spezielle Trainingsmaßnahme, um Bindung zu vertiefen und Abhängigkeit zu verdeutlichen, stellt die Handfütterung dar. Hierbei wird auf die ausschließliche Fütterung des Hundes aus einem Napf verzichtet, stattdessen erhält er sein Futter zum Teil aus der Hand des Menschen. Dies sollte mit bestimmten Übungen verbunden werden, so dass der Hund sich seine Magenfüllung regelrecht verdienen muss getreu dem Motto: »Nichts im Leben ist umsonst.« Siehe hierzu Seite 28.

Wozu die Handfütterung eingesetzt werden kann

- **Handfütterung beim Einüben bestimmter Kommandos**
  Der Hund erhält Futterbelohnungen beim Einüben von Kommandos und für die erfolgreich absolvierten Übungen. Futter »versüßt« das Lernen!

- **Handfütterung beim Schleppleinentraining**
  Bei allen Einsatzmöglichkeiten der Schleppleine wird das Geforderte und Befolgte oder auch das freiwillig angebotene Zurückkommen des Hundes über Futter bestätigt. Auch beim Einüben der Folgebereitschaft, bei welcher der Hund über Leine gesichert freudig und erwartungsvoll neben dem Menschen herläuft und aufmerksam auf ihn achtet, kann die Bestätigung über einen leckeren Brocken erfolgen.

- **Handfütterung in Verbindung mit »Guck´mal«**
  Futter und Markerwort gehören unmittelbar zusammen. Siehe hierzu Seite 31.

- **Handfütterung um Abhängigkeit vom Menschen zu demonstrieren**
  Bei Hunden, die sich selbst zu genügen scheinen und den Menschen nicht wirklich ernst nehmen, können mittels Handfütterung Abhängigkeiten verdeutlicht werden. Der Hund erhält Futter für das Befolgen von Anweisungen, für gezeigte Aufmerksamkeit bei Ansprache, als Tauschobjekt gegen »Beute« usw. Reagiert er nicht auf den Men-

Anweisung befolgt = Futter

schen und/oder befolgt er seine Anweisungen nicht, so erhält er auch kein Futter! Und zwar gar kein Futter, auch nicht alternativ abends in der Futterschüssel, weil er ja den ganzen Tag noch nichts »erarbeitet« hat und sonst womöglich verhungert! Nur am Rande: Hunde können bis zu drei Wochen ohne Futter überleben, sie brauchen nur regelmäßig Wasser. Das größere Problem mit der Umsetzung dieser rigoros scheinenden Maßnahme haben die Menschen.

- **Handfütterung bei Scheu vor dem Menschen** Viele Hunde, die bisher wenig bis gar keinen Kontakt zum Menschen hatten oder deren Kontakt in der Vergangenheit negativ besetzt war, können über die Handfütterung ein neues Bild vom Zweibeiner erlangen und Vertrauen zu ihm fassen. Anfangs mag es etwas schwierig sein, wenn der Hund stets dem Menschen ausweicht und nicht bereit ist, der hingehaltenen Verlockung zu erliegen. In diesem Fall macht es Sinn, sich in die Hocke zu begeben, den Futterbrocken auf die Hand zu legen, diese dann ausgestreckt hinter dem Rücken anzubieten und den Hund nicht anzuschauen. Extrem scheue Hunde nähern sich lieber unbemerkt und unbeobachtet von hinten.
Nimmt der Hund den Futterbrocken weg, so verbleibt die Hand noch eine Weile ruhig hinter dem Rücken, bevor sie langsam zum »Nachladen« nach vorne genommen wird. Peu à peu arbeitet man dann darauf hin, dass die Hand erst über die Seite, dann nach vorn vor den Körper genommen werden kann, wobei auch dabei noch der Sichtkontakt zum Hund weitestgehend vermieden wird. Es sollte jeglicher Versuch vermieden werden, den Hund bei diesem Übungsaufbau zu streicheln, fällt es auch noch so schwer. Rückschläge wiegen bei extrem scheuen Hunden schwerer und es muss wieder ganz von vorne begonnen werden. Mit der Zeit erlebt und verinnerlicht der Hund den positiven Effekt und beginnt, Vertrauen zu fassen. Gerade dann sollte mit der Handfütterung fortgefahren werden, um die gelegte Basis zu vertiefen. Doch kann das Futter nun auch beim Einüben von Kommandos, als Tauschobjekt gegen Beute (Ball, Stöckchen, Teddy usw.), beim Streicheln, bei der Körperpflege u.a. eingesetzt werden!

Menschenscheue Hunde reagieren bereits auf Blickkontakt mit Abstand halten. Leichter fällt ihnen die Annäherung, wenn der Mensch sie gar nicht beachtet und ihnen z.B. Futter auf der ausgestreckten Hand hinhält, ohne sie dabei direkt anzuschauen.

- **Handfütterung bei Hunden, die kaum oder schlechte Erfahrungen mit dem Menschen gemacht haben**
Gerade bei Tierschutzhunden ist aufgrund ihres Hintergrundes das Vertrauen zum

Einfach nur hergeben erzeugt Widerwillen, tauschen ist sinnvoller.

Menschen häufig tief erschüttert oder auch gar nicht vorhanden. Zur Vorbereitung auf die Handfütterung kann es notwendig sein, die Futterbrocken anfangs in einiger Entfernung vom Menschen hinzulegen, um sie dann immer näher zu platzieren. Nimmt der Hund das in unmittelbarer Nähe zum Menschen ausliegende Futter auf, so kann wie unter »Handfütterung bei Scheu vor dem Menschen« beschrieben weitergearbeitet werden.

- **Handfütterung bei Hunden mit ausgeprägter Wettbewerbsaggression**
  Hunde, die niemanden ans Futter lassen, nichts freiwillig herausgeben und sich nichts abnehmen lassen, wenn sie etwas gefunden haben, sind ebenfalls geeignete Kandidaten für die ausschließliche Handfütterung. Sie müssen die Erfahrung machen, dass das, was sie so vehement verteidigen wollen, ausschließlich vom Menschen zu erhalten ist und man es sich besser mit diesem nicht verscherzt. Außerdem ist es schier unmöglich, den einzelnen Futterbrocken, den der Mensch in der Hand anbietet, gleichzeitig nehmen und verteidigen zu wollen. Und der Hund erlebt, dass der Mensch ihm das Futter nicht streitig macht, sondern zuteilt! Somit stellen sich auch hier die Lern- und Erfahrungseffekte von Abhängigkeit, sinnvollem Miteinander und Überlegenheit des Menschen ein.

- **Handfütterung bei Hunden mit ausgeprägter Jagdpassion**
  Sicherlich lässt sich ein passionierter Jäger nicht allein durch Handfütterung »umer-

ziehen«, nicht, dass hier ein falscher Eindruck entsteht! Dennoch bietet die ausschließliche Handfütterung, also der gänzliche Verzicht auf eine »kostenlose« Fütterung – Futter ohne Einforderung einer Gegenleistung – aus dem Napf, zumindest eine versuchenswerte Möglichkeit, um das Interesse des Hundes am Herankommen zum Menschen zu steigern. Probieren Sie es einfach einmal aus; schaden tut es nichts, aber vielleicht klappt es ja bei der einen oder anderen Fellnase.

- **Handfütterung bei Hunden, die sich nicht anleinen lassen wollen**
  Manche Hunde machen sich einen Spaß daraus, mit dem Menschen ein lustiges »Fang-mich-doch«-Spiel zu spielen, wenn die Leine sichtbar wird und sie angeleint werden sollen. Diese Hunde können mit der Handfütterung einerseits »ausgetrickst« werden, andererseits wird ihnen das Anleinen durch das Futter im wahrsten Sinne des Wortes schmackhafter gemacht.

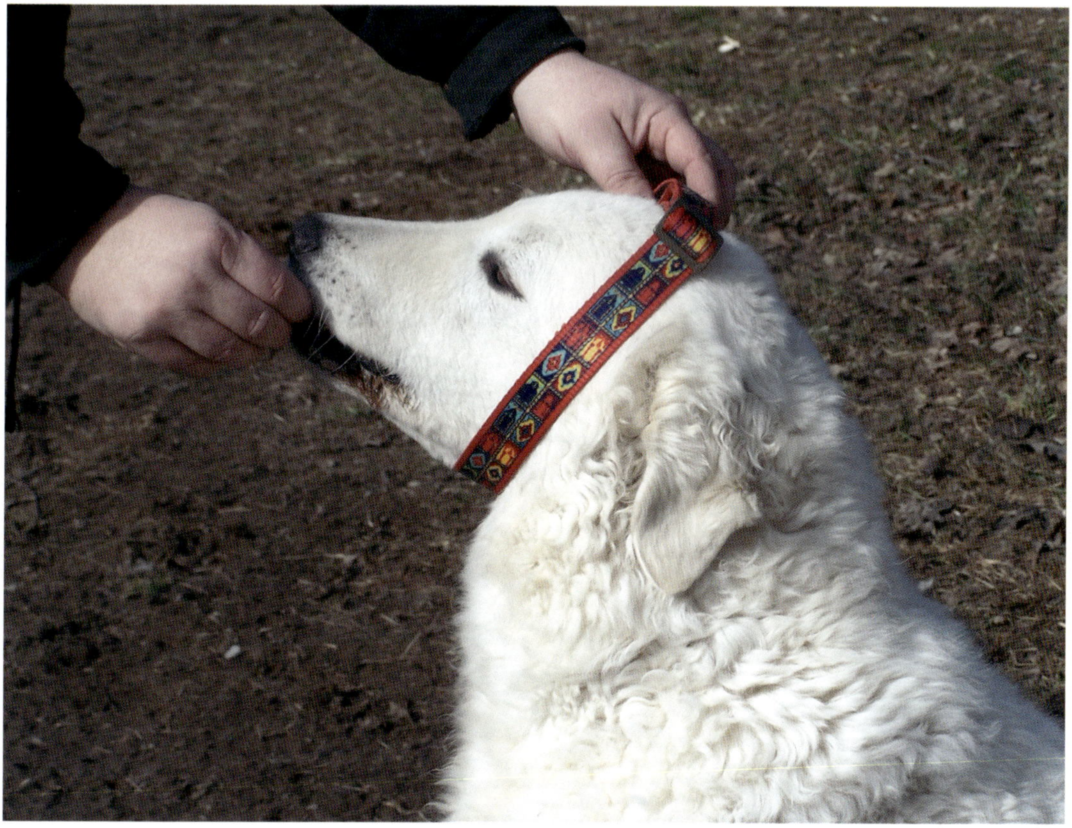

Futter kann auch das Anleinen »versüßen«.

Die Sache mit der Distanz

Auf den ersten Blick scheint es gegensätzlich, doch benötigt die Nähe zu einer Person und das Interesse an ihr auch zeitweilig eine Distanz, die es zu dulden und zu ertragen gilt. Damit ergibt sich ein weiterer wesentlicher Basis-Erziehungspunkt für das Zusammenleben mit dem Vierbeiner: Er muss lernen, auch einmal alleine zurückzubleiben. Doch kennt fast jeder Hundetrainer den Hilferuf: »Mein Hund bleibt nicht alleine, was kann ich tun?«

Was ist zu tun?

Ein herzzerreißendes Jaulen und Wimmern schallt durch den Hausflur, gefolgt von hysterischem Gekläff und massiven Kratzgeräuschen an der Tür. Für den Bruchteil einer Sekunde ist es still, doch nur, um sogleich in doppelter Lautstärke wieder von vorn zu beginnen. Geklapper und Geklirre begleiten das Szenario und von außen ist zu sehen, dass ein auf und ab tobender Vierbeiner gerade systematisch die Fensterbänke abräumt. Trotz rundum geschlossener Fenster in der Wohnung ist das Spektakel bis auf die Straße zu hören und jeder in der Nachbarschaft weiß: Der Hund aus Hausnummer 7 ist wieder allein!

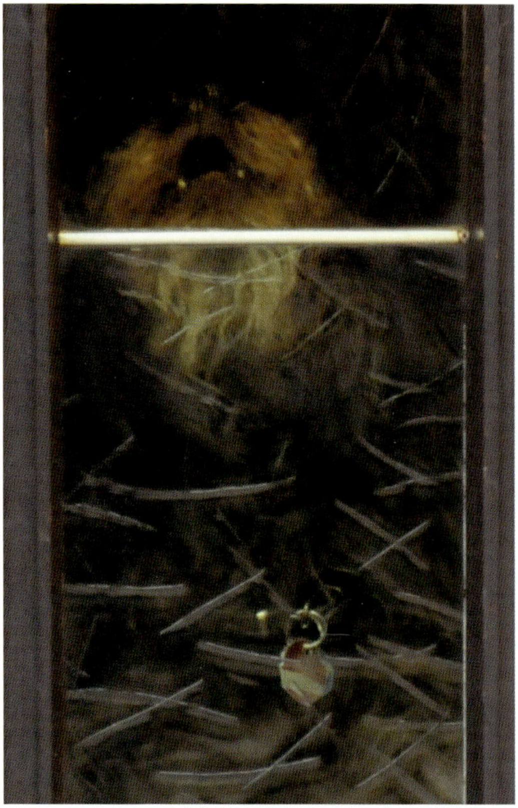

Hunde, die nicht allein bleiben wollen oder können, strapazieren die Nerven vom Besitzer und von den Nachbarn.

Trennungsangst ist für viele Hunde belastend. Die Auswirkungen der massiven Stressbelastung des vereinsamten Vierbeiners können von einem Zerstören von Gegenständen über das Zerkratzen von Türen bis hin zur Autoaggression (der Hund fügt sich selber Wunden zu) gehen und sich im Absetzen von Kot und Urin, Erbrechen und starkem Speicheln äußern.

Der Hundehalter ist meist völlig rat- und hilflos und natürlich empfindet er auch großes Mitleid mit seinem Hund.

Doch gleichzeitig fürchtet er nicht nur um sein Mobiliar, sondern auch um seinen Wohnraum, denn wenn das Bellen und Heulen die Nachbarn zu sehr stört, kann dies bis zur Kündigung führen.

Warum mögen Hunde nicht allein bleiben?

Die Triebfeder für diese Verhaltensauffälligkeit ist häufig – aus den unterschiedlichsten Gründen – Angst. Die Situation des Alleinseins überfordert den Hund und seine ihm eigenen Problemlösungsstrategien. Er fühlt sich ohnmächtig ausgeliefert und entsprechend reagieren seine biochemischen Vorgänge im Körper. Die Stresshormone steigen rasant an, der Hund gerät in einen panikartigen Zustand und seine gesamten körperlichen Funktion reagieren auf diese psychische Ausnahmesituation. »Die Formen, die eine Angstreaktion annehmen kann, sind ebenso vielfältig wie die äußeren Ursachen. Sie hängen sowohl von der Art des Reizes, als auch von der ursprünglich angsteinflößenden Situation, in der der Reiz erstmals ›fehlbewertet‹ wurde, ab.« (Ganslo-ßer, 2007)

Hunde, die ausgeprägte Verlassensängste aufzeigen, haben oft eine zu vermenschlichte, instabile Bindung an ihren Besitzer. Sie leiden definitiv »wie Hund«, wenn ihre Leute nicht ständig um sie herum sind. Verlassensängste sind immer Verlustängste, wobei es aber unterschiedliche Verluste für den Hund zu beklagen gibt. Viele Hunde mit Trennungsangst suchen immer und bei jeder möglichen und unmöglichen Gelegenheit die unmittelbare Nähe der Besitzer. Sie haben niemals gelernt, einfach auch mal zurückzubleiben und zu warten, bis ihr Mensch wiederkommt. Den ganzen Tag stapfen sie hinter Frauchen und Herrchen her, folgen ihnen sogar bis zur Toilette. Sie sitzen oder liegen neben ihnen, wenn ihnen nicht einfach mal die Tür vor der Nase zugemacht wird. Auf diese Maßnahme verzichtet der Mensch aber lieber, da sonst der Vierbeiner auch in dieser Situation mit massivem Winseln, Kratzen und Bellen reagieren würde. Alternativ wird durch die geschlossene Tür erklärend gerufen, dass man ja bald wieder da wäre, die Aufregung umsonst ist und der Hund sich doch bitte beruhigen möchte. Die Verweildauer im Bad wird kurz gehalten, um schleunigst wieder zum Tier zu kommen und dessen Leiden ein Ende zu setzen. Und der Hund lernt: Massives Verhalten bringt mir meinen Menschen zurück!

Auf der Suche nach dem Menschen lernen Hunde unter Umständen auch leicht, Türen und Fenster zu öffnen und bringen sich in gefährliche Situationen.

Verlassensängste können unterschiedliche Ursachen haben, was exakt analysiert werden muss.

Doch nicht nur die Angst vor dem generellen Verlust des Menschen (= Trennungsangst) lässt den Hund derart reagieren, sondern auch Frust, weil der Mensch es wagt, tatsächlich einmal etwas ohne seinen Fellkumpan zu unternehmen.
Auch wenn die Auswirkungen vergleichbar sind, so sind die dahinter stehenden Motivationen und die psychische Verfassung des Hundes grundverschieden! Unter Kontrollverlust leidende Hunde zeigen in Abwesenheit ihrer Leute eine völlig andere Körpersprache, hier ist von Angst nichts zu sehen. Vielmehr werden sie getrieben von einer rasenden Wut, die sich in erhöhter Aktivität bemerkbar macht. Der Stress findet sein Ventil nicht selten in purem Zerstörungswahn. Um unterscheiden zu können, welche Form von Verlassensangst vorliegt, sind Videoaufzeichnungen sehr hilfreich. Bei Hunden mit Kontrollverlustverhalten muss die Beziehung zwischen Mensch und Hund und die allgemeine Situation im Hausstand von einem Profi überprüft werden, denn in den meisten Fällen fehlt die allgemeine Grunderziehung. Und hiermit ist nicht ausschließlich das Befolgen von »Sitz«, »Platz« und »Fuß« gemeint, sondern vielmehr die Tatsache, dass diese Hunde sich als tonangebender Mittelpunkt der Familie sehen. In diesen Fällen müssen die Beziehungen innerhalb der sozialen Mensch-Hund-Gruppe erstmal auf ein normales Maß gebracht werden.

Verlassensängste können aber auch aufgrund negativer Erlebnisse während der Abwesenheit des Menschen entstehen. Angstauslösende Ereignisse können ein plötzlicher Knall, heftige Gewitter oder Ähnliches sein. Solche Vorkommnisse lassen sich selten rekonstruieren, plötzlich sind Ängste da, die den Menschen vor Rätsel stellen.

Bitte bedenken:

→ **Angst und Stress machen krank!**
Nicht nur das Verhältnis zu Ihren Nachbarn wird in Mitleidenschaft gezogen, sondern auch die physische Gesundheit Ihres Hundes. Anhaltender Stress bzw. die Summierung stressbehafteter Situationen wirken sich nachteilig auf die körperliche Fitness aus. Die übermäßige Aktivierung des Stresssystems führt zur Schwächung des Immunsystems, lässt Nervenzellen absterben und senkt die allgemeine Belastungsgrenze des Lebewesens.

Alleinsein zu erdulden verunsichert manche Hunde und löst massiven Stress in ihnen aus.

Achtung:

Ängsten und Stresssymptomen darf nie mit Strafe begegnet werden! Der durch die Abwesenheit des Menschen verängstigte Hund würde noch mehr in seine Angst getrieben werden, würde der Besitzer ihn bei der Heimkehr auch noch für das angerichtete Schlachtfeld bestrafen. An der Verlassensangst selbst würde die Strafe nichts ändern.

Tipps zur Stabilisierung des Hundes mit Verlassensangst:

- Analysieren Sie gemeinsam mit einem Hundetrainer, welche Form von Verlassensangst überhaupt vorliegt. Wird ein Tonaufnahmegerät oder, besser noch, eine Videokamera während der Abwesenheit des Menschen laufengelassen, so lässt sich genau erkennen, wann und wie der Hund anfängt zu rebellieren. Videoaufnahmen bringen den Vorteil, dass die Körpersprache des Hundes genau beobachtet werden kann.

Häufig ist eine zu enge Bindung zum Menschen Ursache für Verlassensängste, und der Hund muss lernen, Distanz zu ihm zu ertragen und zu akzeptieren.

- Sowohl bei Trennungsangst als auch bei Kontrollverlustverhalten wird langsam begonnen, mehr und mehr Distanz zwischen Hund und Mensch aufzubauen.

- Üben Sie mit Ihrem Vierbeiner das Liegenbleiben auf Distanz. Er soll lernen, ein Stück von Ihnen entfernt zu verweilen. Später soll es möglich sein, dass Sie ihn auf diesen Platz schicken.

- Binden Sie den Hund auf den Spaziergängen kurzzeitig fest und entfernen Sie sich ein paar Meter. Ist der Hund ruhig, gehen Sie ohne großes Aufheben zu machen zurück, binden ihn los und setzen den Spaziergang fort.
  Wenn dieser kleine Schritt funktioniert, aber wirklich auch erst dann, gehen Sie weiter weg, z.B. 10 Meter.

Achtung:

Diese Übung bitte keinesfalls mit Tierschutzhunden durchführen, die angebunden ausgesetzt wurden!

Auch auf Spaziergängen kann Distanz geübt werden, indem man den Hund einfach mal anbindet und ein kurzes Stück von ihm weggeht. Für diese kurze Zeit wird der Hund völlig ignoriert, er wird weder angesprochen, noch erfolgt Blickkontakt zu ihm.

- Gehen Sie im Haus einmal in ein anderes Zimmer, um dann aber sofort zurückzukehren. Der nächster Schritt wäre, das Zimmer zu verlassen und die Türe kurz zu schließen. Der Hund wird in allen Fällen nicht begrüßt oder sonderlich beachtet. Es ist normal, dass Sie auch einmal allein hin und her gehen!

- Beachten Sie generell Ihren Hund weniger, dann leidet er auch nicht, wenn er für die kurze Zeit der Abwesenheit nicht im Mittelpunkt steht.
  Hilfreich ist es zudem, etliche Male das Haus zu verlassen, um dann sofort wieder hereinzukommen und kurz irgendwelche Dinge zu tun, z.B. etwas zu trinken, um dann sofort wieder hinauszugehen.
  Verlangen Sie auch Distanz, wenn Sie zuhause sind. Wenn Hunde permanent im Mittelpunkt stehen, muss, bei aller Liebe zum Tier, die Beziehung normalisiert werden.

Veränderte Rituale können helfen und die angstauslösenden Signale verlieren ihre Bedeutung.

- Verzichten Sie darauf, das Verlassen der Wohnung oder des Hauses mit: »Ich komme gleich wieder, ich gehe nur zum Einkaufen« oder Ähnlichem zu kommentieren.
  Genau das Gleiche beim Zurückkommen: Eine zu überschwängliche Begrüßung würde den Vierbeiner so in Stress versetzen, dass er allein in der Erwartung dieses Stresses die Wartezeit bis zur Rückkehr seiner Leute nicht aushält.

- Verändern Sie die Rituale beim Verlassen des Hauses und machen Sie sich unkalkulierbar. Sie können sich z.B. zuerst den Mantel anziehen, dann aber auf die Toilette gehen. Oder Sie nehmen den Autoschlüssel und ziehen sich die Schuhe an, um dann das Fernsehen einzuschalten und einige Minuten dem Programm zu folgen oder einfach im Esszimmer die Zeitung zu lesen.

- Geben Sie Ihrem Hund einen Kauknochen zur Ablenkung und Beschäftigung. Einfach hergerichtet, aber in seiner Wirkung effektiv, ist auch ein Karton mit zerknülltem Papier, in dessen Innerem etwas Futter versteckt ist. Das Papier kann der Hund zerfetzen und damit seinen Frust abbauen.

- Häufig sind ängstlich reagierende Hunde völlig überfordert mit der Weitläufigkeit der leeren Wohnung. Diesen Hunden kann es helfen, wenn sie an einen festen Platz oder an einen einzelnen Raum gewöhnt werden, wo sie sich sicher fühlen. Unter Umständen kann hier der Einsatz eines Zimmerkennels sinnvoll sein und helfen, das Problem in den Griff zu bekommen. Allerdings sollte der Hund zwischendurch auch mal in den Kennel geschickt werden, wenn seine Menschen zuhause sind, damit er den Aufenthalt dort nicht grundsätzlich mit dem Weggehen von Frauchen und Herrchen verbindet. Dem Hund wird so auch die Möglichkeit genommen, im ganzen Haus oder der ganzen Wohnung herumsuchen zu können.
  Selbstverständlich muss die Gewöhnung an den Zimmerkäfig behutsam und positiv besetzt erfolgen. Ein Füttern in ihm oder die Gabe eines tollen Knochens, welchen der Hund im Käfig genüsslich benagen kann, »versüßen« den Aufenthalt dort und lassen den Käfig zum beliebten Ort erlesener Gaumenfreuden werden. Außerdem sollte der Zimmerkennel nicht verstanden werden als stundenlanger und zukünftig permanenter Aufbewahrungsort des Hundes, sondern als vorübergehende Maßnahme zur Behebung des Grundproblems!

- Manchmal hilft es, Fernseher oder Radio laufen zu lassen und dadurch eine vertraute Atmosphäre zu schaffen. Auch Tonbandaufnahmen mit den Stimmen der Besitzer können eine Möglichkeit sein, den Stress des Hundes zu mildern. Ausprobieren!

- Vor dem Verlassen des Hauses muss der Hund ausreichend Bewegung und Beschäftigung gehabt haben. Auslastung ist auch hier wichtig, aber das bedeutet nicht, dass Sie zum »Beschäftigungskasper« Ihres Hundes mutieren müssen!

Bevor ein Hund alleine bleiben muss, sollte er ausreichend Beschäftigung und Bewegung gehabt haben.

- In allen Fällen von Verlustängsten kann eventuell der Tierarzt mit einem sogenannten DAP-Verdampfer helfen. Hierbei handelt es sich um ein Beruhigungspheromon (Dog Appeasing Pheromone – DAP) für Hunde, welches im Handel als Zerstäuber, Spray oder Halsband erhältlich ist. Diese Beruhigungspheromone entsprechen den Geruchsbotenstoffen, welche Hündinnen drei bis fünf Tage nach der Geburt von Welpen am Gesäuge bilden und ausströmen. Die Aufnahme dieses Geruchs beruhigt junge wie alte Hunde, vermindert Angst und Stress.

Bedingt können auch Rescue-Tropfen gegen die Angst helfen.

In wirklich extremen Fällen sollte über die Gabe eines Beruhigungsmittels nachgedacht werden, welches über einen zeitlich begrenzten Rahmen unterstützend und durch den Tierarzt oder kompetenten Tierheilpraktiker beaufsichtigt gegeben wird. Außerdem sollte diese Maßnahme durch einen Hundetrainer begleitet werden, denn eine Medikation ohne Training hat auf Dauer auch keinen Erfolg. Eine Pillengabe als Dauerlösung ist niemals anzustreben!

Bitte bedenken:

➔ Zur Minderung von Verlassensängsten benötigen Sie
1. eine genaue Analyse der Ursache
2. Geduld
3. eine einfühlsame, aber konsequente Gewöhnung an Distanz
Angstverhalten kann nicht durch Strafe korrigiert werden! Strafe würde es noch verschlimmern.

Die Sache mit den Tabus

Hat der Hund gelernt, einmal allein zurückzubleiben, so ist es in der Regel nicht mehr schwierig, ihm situativ und zeitlich begrenzt Tabuzonen zu vermitteln. Dem Menschen überall hin und zu jeder Zeit folgen zu dürfen, ist ein Privileg! Und als solch ein Privileg sollte der Hundebesitzer die Nähe des Hundes zu ihm selbst ebenfalls bewerten und daher durchaus zwischenzeitlich verwehren.
So darf der Familienhund auch einmal aus dem gemeinsamen Wohnzimmer hinausgeschickt werden oder einmal nicht das Esszimmer mit aufsuchen, wenn die Familie dort ein Stündchen ungestört verbringen möchte. Der Hund lernt so, dass er dem Willen und den Entscheidungen des Menschen untergeordnet ist und nicht zu jedem Zeitpunkt gleichberechtigt machen kann, was er will. Die bei solchen »Maßnahmen« vom Hund gezeigte geduckte Körpersprache bedeutet nicht, dass er nun »beleidigt« ist, sondern ist Ausdruck des Vierbeiners, dass er unseren Wunsch akzeptiert und uns Respekt zollt.
Auch die Vermittlung eines eindeutigen Tabuwortes muss er zu akzeptieren lernen. Bereits in unserem Buch »Was ein Welpe lernen muss« wiesen wir auf die unterschiedliche Bedeutung der Worte »Aus« und »Nein« hin. »Aus« bezieht sich auf Situationen, in denen der Hund etwas aufgenommen hat, was er wieder herausgeben soll. »Nein« ist als Tabuwort gemeint für alles, was dem Hund situativ oder generell verboten ist. Das Tabuwort befolgen zu lernen, ist unerlässlich. Dadurch werden viele Situationen im Alltag leichter.

Einübung des Tabuwortes »Nein«

Sie nehmen einen Futterbrocken oder ein kleineres Spielzeug in Ihre geöffnete Hand. Will der Hund an Ihre Hand und Ihnen das Spielzeug abluchsen, sagen Sie »Nein« und schließen dabei die Hand zur Faust.
Nach einer kurzen Weile öffnen Sie die Hand wieder. Will der Hund erneut zufassen, so wird sie wieder geschlossen und gleichzeitig »Nein« gesagt. Nur wenige Wiederholungen sind in der Regel nötig und der Hund hat verstanden. Nun wird die Hand geöffnet und dem Hund der Inhalt mit »Nimm´s« angeboten. Bald wird er geduldig vor der geöffneten Hand warten, bis Ihr »Nimm´s« kommt und er den Futterbrocken fressen oder das Spielzeug nehmen darf. Die Anforderung wird gesteigert, indem der Futterbrocken oder das Spielzeug mit einem »Nein« auf den Boden gelegt wird. Seien Sie aber achtsam und im Zweifelsfalle schnell, denn reagiert der Hund nicht auf Ihr »Nein«, sollten Sie Futter oder Spielzeug rasch genug greifen können, um dem Hund zuvorzukommen. Erst mit Ihrem »Nimm´s« darf er sich Futter oder Spielzeug nehmen.
Konsequent geübt, sollte das »Nein« nach einiger Zeit auch in Alltagssituationen funktionieren. Ein für den Hund besonders »hartes« Trainingsspiel ist es, ihm in der Platz-Position ein Leckerchen auf die Pfote zu legen, das er erst auf Ihre Anweisung hin fressen darf!

Da Hunde erfolgsorientiert handeln, lässt sich das Tabuwort »Nein« sehr gut über Erreichbarkeit und Unerreichbarkeit des Futterbrockens wie im Text beschrieben einüben.

Bitte bedenken:

→ Selbstverständlich können auch andere Tabuworte eingeübt werden: »Schluss«, »Lass´das«, »Pfui«, »Stop« usw. Wichtig ist nur, dass alle, die mit dem Hund zu tun haben, sich gleichermaßen daran halten, wann und wofür die entsprechenden Kommandos gebraucht werden.

Das Kommando »Aus«

Immer wieder kommt es vor, dass Hunde etwas vom Boden aufnehmen. Das ist völlig normal und typisch für unsere Vierbeiner. Doch es kann auch gefährlich sein, wenn zum Beispiel eine Scherbe oder ein totes Tier gefressen wird. Deshalb ist es wichtig, dass wir als Besitzer in der Lage sind, es dem eigenen Vierbeiner wieder abzunehmen – und zwar ohne lange Diskussion oder kämpferische Auseinandersetzung. Und das zugehörige Kommando ist kein »Pfui« (Richte Deine Aufmerksamkeit nicht auf dieses oder jenes.) oder »Nein« (Lass sein, was Du vorhast zu tun.), sondern ein klares »Aus« (Gib heraus, was Du hast.). Hunde mit ausgeprägtem Beutetrieb, vielfach bei Gebrauchshunderassen wie Schäferhund, Rottweiler, Hovawart, Riesenschnauzer, Airdaleterrier, Boxer usw. anzutreffen, lassen sich über Zwangsmaßnahmen wie Schnauzengriff, gewaltsames Öffnen des Fangs u.Ä., relativ wenig beeindrucken und werden in ihrem Festhalten der vermeintlichen Beute nur noch massiver. Bei einem Welpen mögen diese Maßnahmen noch greifen, doch können sie dazu führen, dass der Kleine im Laufe des Erwachsenwerdens lernt, beim Herannahen der menschlichen Hand ganz schnell wegzulaufen und seine Beute vehement zu verteidigen, da sie ihm ja sonst streitig gemacht wird. Also besser bereits beim Welpen den »Tauschhandel« einführen! Hat der Kleine »Beute« (Spielzeug, Futter, den geklauten Socken) abgegeben oder wurde ihm etwas weggenommen, erhält er im Gegenzug sofort etwas Erlaubtes stattdessen. Ab einer gewissen Hundegröße sind uns die Vierbeiner ohnehin kräftemäßig überlegen, bedenken Sie, ein Hund hat schließlich 42 Zähne zum Festhalten, Sie aber nur zwei Hände, um den Hund zu fangen, festzuhalten und ihm etwas abzunehmen.

Übungsaufbau »Aus«

- Geben Sie dem Hund etwas für ihn nicht sehr Wichtiges. Leinen Sie ihn vorher an, damit er nicht weglaufen und die Beute wegschleppen kann.
  Hat er das Gegebene im Maul, halten Sie ihm ein Stück Wurst, Käse oder etwas anderes, sehr leckeres vor die Nase.
  In dem Augenblick, in dem der Hund den Fang öffnet und das Festgehaltene herausfällt, geben Sie ruhig und freundlich das Kommando »Aus« und offerieren ihm **sofort** die »Ersatzbeute«, also das schmackhafte Futterstückchen. Bei sehr verspielten Hunden kann das natürlich auch das Lieblingsbällchen oder -quietschi sein.

Tauschen, statt nur abzunehmen ...

Der Hund lernt auf diese Art und Weise, seine Handlung »Ich gebe etwas her« und das Kommando »Aus« miteinander zu verknüpfen und macht gleichzeitig die Erfahrung: »Wenn ich etwas gebe, bekomme ich auch etwas zurück.« Er erlebt, dass es sich durchaus für ihn lohnt, etwas abzugeben.
Diese Übungen müssen zuerst im Haus ohne Ablenkung durchgeführt werden. Erst, wenn es ohne Ablenkung und mit eher unwichtiger »Beute« zuverlässig funktioniert, dürfen die Umgebungsreize und die Bedeutung der Beute gesteigert werden.

Achtung

Wenn der Übungsaufbau einfach nicht klappen will, kann es dafür verschiedene Ursachen geben:

- Der Hund ist satt.
- Das Angebotene ist nicht attraktiv genug.
- Das Kommando wird im falschen Augenblick gegeben, z.B. wenn die Beute bereits fallen gelassen wurde.
- Die Alternativbeute wird zu spät gereicht.
- Die Beute ist dem Hund zu wichtig! In diesem Fall muss zuerst noch eine unwichtigere Beute zum Üben genommen werden.
- Das Kommando »Aus« wird bereits eingesetzt, obwohl der Hund es noch gar nicht kennt.
- Der Hund ist nicht angeleint und rennt mit der Beute davon.

Lernt der Hund nur, dass der Mensch ihm Beute streitig machen will, so ist es normal, dass er sich mitsamt dieser schnell außer Reichweite in Sicherheit bringt.

- Einsetzen des Kommandos, wenn der Hund frei läuft und etwas aufnimmt, obwohl die Ausführung des Kommandos noch nicht zuverlässig klappt, und die Wahrscheinlichkeit sehr groß ist, dass der Hund die Beute auf diese Distanz **nicht** fallen lassen wird.

Tauschhandel wird in der Regel von Hunden sehr gut angenommen und lässt sie nicht als »Verlierer« dastehen.

Bitte bedenken:

→ Das Ziel ist natürlich, dass der Hund auch ohne permanent anschließende Futtergabe etwas herausgibt. Das Beibehalten des Tauschhandels ein Leben lang ist nicht anzustreben, darf und kann aber immer wieder zwischendurch eingesetzt werden!

Das wichtigste Erziehungsziel überhaupt: Der sichere Rückruf!

Es gibt etliche Hunde, die weder auf Kommando »Sitz« machen, noch permanent am linken Knie des Besitzers »kleben«, die nie etwas von Agility und Dog-Dancing gehört haben und auch nicht dreimal pro Woche zur Flächensuche gehen. Dennoch setzen sie sich unaufgefordert hin, wenn der Mensch stehen bleibt, belästigen weder Mensch noch Tier auf Spaziergängen, begleiten ihren Menschen fast überall hin und laufen dabei meistens frei und unangeleint durch die Landschaft.

Vielleicht würden diese Hunde nie eine Begleithundeprüfung bestehen, nur weil sie das Laufen von Kehrtwendungen und 90-Grad-Winkeln nicht gelernt haben, aber das für sie und das Leben mit ihnen wichtigste Kommando beherrschen sie zuverlässig: Sie kommen zurück, wenn es von ihnen verlangt wird! Und damit gestaltet sich das Leben mit ihnen und für sie außerordentlich angenehm. Ein Pfiff oder ein Ruf – und sie sind da!

Den Hund aus jeder Spiel- und sonstigen Freilaufsituation herausrufen oder -pfeifen zu können, das wünscht sich eigentlich jeder Hundebesitzer.

Spaß, Freude, Adrenalin pur – erzielt durch ausgelassenes Laufen dem Hund. Das zu toppen, ist eine schwere Aufgabe für den Menschen.

Doch sieht der Alltag in Parks, im Wald, auf Hunderunden leider oft ganz anders aus:
»Cora! Cooooooooraaaaaaaaaa! Schatzi! Baby! Hier! Hiiiiiiiiiiiiier! Komm her! Kommst Du her? Kommst Du jetzt?«
Die Antwort vieler Hunde auf diese Fragen ist ein klares: »Nein!«
Dabei ist die Befolgung des Rückrufes eigentlich das wichtigste Erziehungsziel überhaupt, denn er könnte einmal lebensrettend sein. Dennoch funktioniert es bei einer gewissen Anzahl von Hunden nur so lala und bei wahrscheinlich der gleichen Prozentzahl rein gar nicht. Warum das so ist, vermögen sich die betroffenen Hundehalter eigentlich aus eigener Überlegung heraus zu erklären, denn sie stellen ja selber fest: »Solange etwas anderes nicht interessanter ist, klappt es.« Obwohl auch bei dieser Aussage oft ein »eigentlich ganz gut« angehängt wird, was signalisiert, dass es eben doch ein Vabanquespiel ist, Chancen fifty-fifty.

Warum fällt der Rückruf oft so schwer?

Schwierigkeiten mit dem zuverlässigen Rückruf haben viele Ursachen und sicherlich lassen sich im Rahmen dieses Buches nicht alle Facetten ausreichend ansprechen. Bedenken wir aber, dass der Hund ein Opportunist ist, also ein Lebewesen, das sein Tun und Handeln am zu erzielenden Erfolg orientiert, und dass auch das Befolgen des Rückrufes in diesem Zusammenhang gesehen werden sollte. Zu seinem Besitzer zu kommen, wenn dieser ihn ruft, muss für den Hund erstrebenswert sein, sich lohnen, spannender und wichtiger sein, als das gerade so lustbetonte Spiel mit Artgenossen oder die beabsichtigte Verfolgung eines Rehs im Walde. Diese Folgebereitschaft des Hundes zu erlangen, ist häufig kein leichter, dafür aber ein längerer Weg als das Einüben von »Sitz« oder »Platz«, und auch nicht grundsätzlich eine Sache, die einmal erlernt ein Leben lang gleich gut funktioniert.
Aus falscher, besser gesagt zu vermenschlichter Anleitung des jungen Hundes verpassen manche Hundehalter den besten Zeitpunkt zur Grundsteinlegung des sicheren Rückrufes. Damit der junge Hund »so richtig« seine Jugend genießen kann, wird er frei und unkontrolliert durch die Gegend laufen gelassen.

Beim Welpen hat das ja auch alles wunderbar ausgesehen. Der Kleine ist ständig hinter dem Menschen hergetappt, kam mit wehenden Ohren angeflogen, wenn man ihn ansprach, und wuselte eigentlich immer nur im engsten Umkreis um die Füße seines Menschen. Aus dem Welpen wurde ein Junghund und die vom Hund selbst gewählte Distanz zum Menschen

Den Vierbeiner zu viel unkontrollierbar im Freilauf durch die Gegend springen zu lassen, ist für die Erziehung des jungen Hundes kontraproduktiv.

wurde immer größer, dafür die Trefferquote beim Rückruf immer geringer. Langsam, aber sicher, verselbständigt sich der Hund und das – traurige! – Ende vom Lied ist ein Hund, der gar nicht mehr von der Leine gelassen werden kann. Ähnliches wurde bereits im Kapitel »Hilfe – mein Hund interessiert sich nicht für mich« erläutert.

Doch auch Fehler bei der Einübung des Rückrufkommandos führen zu unzuverlässiger Befolgung. So führt ein ständiges Hinterhergrölen mit zigfacher Namensnennung und einem Anweisungs-Cocktail aus »Hier«, »Komm«, »Zu mir«, »Fuß« und »Hast Du nicht gehört?« nur dazu, dem Hund zu verdeutlichen, dass es kein klares Rückruf-Kommando gibt und ergo auch nichts befolgt werden muss. Hinzu kommt die Unmöglichkeit des Menschen, seine Anweisung durchzusetzen, wenn der Hund sich nicht im unmittelbaren Einwirkungsbereich befindet. Geht Frauchen oder Herrchen nun womöglich hinter dem Hund her, um ihn einzufangen, lernt der Vierbeiner bestenfalls, dass das gerufene Kommando bedeutet, dass sein Mensch sich auf den Weg zu ihm macht! Und dann könnte man doch als spielfreudiger Hund ein lustiges »Fang mich mal«-Spiel beginnen! Schließlich braucht auch der Mensch ein wenig Bewegung.

Vorsicht: Die Stimme ruft den Hund, die Körperhaltung weist den Hund aber zurück.

Sehr sensible und/oder unsichere Hunde und auch viele Welpen reagieren auf konträre Signalgebung, die dem Menschen nicht bewusst ist. Die Stimme ruft, doch die Körperhaltung mit vorgebeugtem Oberkörper und hervorschnellender Hand scheucht den Hund davon. Das verschreckt vielfach die Hunde, die zumindest bis auf eine gewisse Distanz auf den Menschen zulaufen, um ihn dann in einem weiteren Bogen zu umlaufen und wieder zu verschwinden.

Bitte bedenken:

➜ Probleme mit dem sicheren Rückruf weisen häufig auf weitere Erziehungslücken hin!

So ist es richtig: Der Hund wird offen und freundlich empfangen, das Zurückkommen zum Menschen wird positiv besetzt.

Weiter gibt es vielerlei, dem Menschen unbewusste Lernvorgänge, die dem Hund das Zurückkommen auf Zuruf vereiteln. Wird er nur gerufen, weil er an die Leine genommen wird, weil er zurück ins Haus muss, weil er unliebsame Dinge erdulden muss, so wird die Ambition des Hundes, dem Ruf zu folgen, schnell gleich null sein.
Sicherlich gibt es rasse- und typabhängige Unterschiede in der Umsetzung des Rückrufes, manche Hunde kommen schneller, manche langsamer, manche fliegen regelrecht auf ihren Menschen zu, manche trotten gemächlich in deren Richtung. Die Art und Weise ist letztlich unerheblich, Hauptsache, der Hund kommt, wenn er gerufen wird.

Achtung:

Der Hund reagiert auch in anderen Situationen nicht auf seinen Menschen:

- In den Fällen, in denen das Problem am Grundgehorsam liegt, wird sich der Hund auch in anderen Situationen und bei anderen Gelegenheiten als ungehorsam erweisen. Und bedenken Sie bitte: Auch, wenn Sie sagen, der Hund hört nicht, er hört sehr gut, aber er gehorcht nicht!

- In den Fällen, in denen das Problem am generellen Desinteresse liegt, wird sich der Hund auch in anderen Situationen und bei anderen Gelegenheiten desinteressiert verhalten.

- In den Fällen, in denen das Problem an der Verunsicherung des Hundes liegt, wird er auch in anderen Situationen und bei anderen Gelegenheiten verunsichert reagieren. Hier fehlen das Grundvertrauen und die Bindung zum Menschen, beides muss durch gezielte Übungen aufgebaut und verfestigt werden.

Bitte bedenken:

Die Übungen zum zuverlässigen Kommen müssen von allen erwachsenen Familienmitgliedern mit dem Hund gleichermaßen durchgeführt werden. Es macht keinen Sinn, wenn der Hund beim Frauchen auf Zuruf kommen muss, beim Herrchen unkontrolliert durch die Gegend stromern darf und die Kinder mit dem eigentlichen Rückrufkommando hinter dem Hund herjagen und Fangen mit ihm spielen! Hunde sehen kleine Kinder nicht als Autoritäten an, deshalb sind sie in der Regel auch nicht geneigt, deren Kommandos zügig und willig zu befolgen.

Der Hund geht gesichert durch die lange Leine nach vorn.

Der Pfiff ertönt.

Der Hund dreht um und geht zum Menschen ....

... wo er für sein Kommen Futter erhält.

Rückruftraining mit Hundepfeife und Schleppleine

Tipps zum Rückruf-Training:

- Gewöhnen Sie sich daran, nur einen bestimmten Begriff für den Rückruf zu benutzen, zum Beispiel »Hier« oder »Zu mir«.

- **Konditionierung auf die Pfeife:**
  Um auch nach einem stressigen Arbeitstag oder Ärger mit dem Nachbarn noch ein positiv besetztes, emotionsneutrales Rückrufinstrument zu haben, empfiehlt sich die Konditionierung auf eine Hundepfeife. Sie vermittelt stets das gleiche Signal, was die menschliche Stimme durch verschiedene Emotionslagen nicht in der Lage ist zu leisten. Zur Konditionierung wird dem Vierbeiner ein schmackhaftes Futterbröckchen vor die Nase gehalten. In dem Augenblick, in dem ihm das Bröckchen überlassen wird, ertönt der Pfiff. Dies wird ein paar Mal an

unterschiedlichen Orten wiederholt. Der Hund begreift sehr schnell, dass mit dem Pfiff etwas für ihn Leckeres verbunden ist. Um die Verknüpfung Pfiff = Futter herzustellen bzw. weiter zu vertiefen, wird auch vor dem Reichen der normalen Mahlzeiten gepfiffen.
Ist eine Hilfsperson beim Üben dabei, hält diese den Hund fest und man selbst entfernt sich einige Schritte vom Hund. Dann ertönt der Pfiff mit sichtbarem Hinhalten des Futters. Kommt der Hund angelaufen, wird das Futter sofort gegeben.

Klappt dieser Übungsaufbau gut und der Hund strebt zügig zum Menschen, wird vor dem Pfiff der Name des Vierbeiners gerufen. Dies führt auf Dauer dazu, dass der Hund nur auf **den** Pfiff reagiert, bei welchem **sein** Name gerufen wird.
In Verbindung mit der Schleppleine kann man auch gut allein mit dem Hund üben. Zum Beispiel wird ein Futterbrocken weggerollt und man wartet, bis der Hund diesen gefressen hat. Dann wird wieder der Name gerufen und der Pfiff ertönt. Mit großer Sicherheit kommt die Fellnase nun angerannt, um sich wiederum Futter abzuholen.

- In der Trainingsphase sollte der Hund **immer** eine Bestätigung für die Befolgung des Rückrufsignals erhalten! Das kann ein Futterbrocken sein, aber auch die Überlassung eines begehrten Spielzeuges, welches apportierfreudige Hunde dann kurzzeitig tragen dürfen.

In der Trainingsphase erhält der Hund immer eine Bestätigung für sein Zurückkommen.

- Sichern Sie Ihren Junghund über eine Schleppleine und verhindern Sie, dass er sich verselbständigt! Schleppleinentraining eignet sich aber ebenso für das Training von älteren Hunden. Über die Länge der Schleppleine lernt der Hund, einen bestimmten Radius einzuhalten, da der Mensch sich auf das Ende der Leine stellen bzw. darauf treten kann, wenn der Vierbeiner zu weit nach vorne strebt. So kann der Hund auch gesichert werden, wenn er angesprochen und zurückgerufen wurde, die Befolgung des Rückrufes aber nicht sicher vorausgesetzt werden kann. Reagiert der Hund auf die Rückrufaufforderung nicht, so nimmt man das Ende der Schleppleine in die Hand und geht rückwärts ein paar Schritte zurück. Nun kann der Hund sich nur gehorsam verhalten und auf den Menschen zulaufen. Dieser wiederum quittiert dieses »gehorsame« Verhalten mit Begeisterung und gibt dem Hund die bestätigende Belohnung.

- Eine weitere Übung mit der Schleppleine gestalten Sie wie folgt: Der Hund befindet sich an einer 5-m-Schleppleine. Sie kollern einen Futterbrocken auf den Weg und lassen den Hund das Futter holen. Hat er es aufgenommen, rufen Sie ihn zurück und geben ihm einen weiteren Leckerbissen. Nach einigen Malen werfen Sie den Futterbrocken außerhalb des 5-m-Radius, der Hund kann ihn also nicht erreichen. Nun rufen Sie den Hund zurück, der bei Ihnen angekommen einen noch besseren Futterbrocken erhält. So erfährt er die Unmöglichkeit, das zu erreichen, was er will, aber etwas zu erhalten, wenn er auf Sie reagiert.

- Packen Sie Futter in eine Knistertüte. Erfahrungsgemäß reagieren Hunde sehr interessiert auf Knistergeräusche und lernen blitzschnell, wenn damit auch noch etwas Schmackhaftes in Verbindung gebracht wird. Üben Sie zuerst im Haus ohne große Ablenkung, bevor Sie sich in reizstärkere Umgebung wagen. Ist Ihr Hund im Haus mit irgendetwas für ihn Spannendem beschäftigt, rufen Sie ihn einmal mit Namen und laufen mit der Tüte knisternd von ihm weg. Folgt er Ihnen, so geben Sie das Rückrufkommando, hocken sich nieder und geben ihm, wenn er bei Ihnen ist, Futter aus der Knistertüte.

- Zum Bindungsaufbau und zur Vertrauensbildung kann auch hier mit der Handfütterung gearbeitet werden, wobei viel Futter über die Befolgung des Rückrufes vergeben wird.

Bitte bedenken:

→ Rückruftraining kann in jedem Alter angesetzt werden, die Schleppleine ist hierbei ein nützliches Hilfsmittel. Besonders bei jungen Hunden sollte vorausschauend die Schleppleine gezielt eingesetzt werden, um der Verselbständigung des Hundes vorzubeugen! Und, wie immer, haben Sie Zeit, Geduld und Konsequenz bei der Erreichung Ihrer Ziele mit Ihrem vierbeinigen Hausgenossen!

Rückruftraining mit Futter und Schleppleine

Dem Hund wird Futter geworfen, welches er sich holen darf.

Hat er es gefunden, wird er gerufen.

Kommt er zurück, erhält er vom Menschen einen noch besseren Futterbrocken.

Die Grundkommandos »Sitz« und »Platz«

Sitzen und Liegen sind Positionen, die der Hund im Laufe des Tages zig Mal allein und freiwillig einnimmt. Dadurch weiß er aber nicht automatisch, dass der auf dem Boden befindliche Po bei aufgestellten Vorderläufen das »Sitz« ist und sein Platt-auf-dem-Bauch-Liegen ein »Platz«. Erinnern Sie sich bitte an den Bichseltext vom Anfang und die Notwendigkeit, eine gemeinsame Sprache zu finden und bestimmte Handlungen des Hundes mit dem zugehörigen Begriff des Menschen erst einmal zu verknüpfen. Auch auf die Gefahr, dass wir uns wiederholen: In unserem Buch »Was ein Welpe lernen muss« haben wir bereits ausführlich beschrieben, warum das Sitzen für den Welpen positiv besetzt ist. Die Nahrungsaufnahme an »Mutters Milchbar« geschieht ungefähr ab der dritten Lebenswoche in eben dieser Position.

Das Liegen bedeutet für den Hund im normalen Alltag Entspannung und Ruhe, also ebenfalls positive Aspekte im Tagesablauf. Auch erwachsene Hunde, die vormals nie mit erzieherischen Maßnahmen in Kontakt gekommen sind (aus welchem Grund auch immer), sollten deshalb

Sitzen ist von frühester Jugend an positiv besetzt, denn es bedeutet für den Saugwelpen Milch.

zu Beginn dieser Übungen ähnlich dem Welpen motiviert und angeleitet werden. Was sie nicht kennen, vermögen sie nicht zu können! Über eine positiv motivierende Anleitung lernen auch sie recht schnell und freudig, was der Mensch von ihnen erwartet und abverlangt. Druck und körperliche Gewalt haben deshalb in der Anleitung der »I-Männchen-Hunde« nichts zu suchen, vielmehr sind, wie in der Hundeerziehung eben immer notwendig, wiederum Geduld, Zeit und Kosequenz gefordert. Etwas anders verhält es sich bei denjenigen Hunden, die die Kommandos durchaus beherrschen, sich aber gerade als äußerst diskussionswillig erweisen und ausprobieren wollen, was dem Menschen denn so alles einfällt, wenn Hund eben nicht macht, was Mensch ihm sagt. Derart reagieren zum Beispiel Hunde-Teenager sehr gern, aber auch läufige oder kurz vor der Läufigkeit stehende Hündinnen und manch ein erwachsener Rüde beim – wiederholten! – Austesten seiner Grenzen.

Übungsaufbau »Sitz«

- Der Welpe oder Junghund, aber auch der erwachsene Vierbeiner sitzt bereits ruhig auf seinem Hinterteil. Er wird kurz und freundlich sanft gestreichelt. Sagen Sie lächelnd ruhig und deutlich: »Sitz«. Dabei erhält er einen Futterbrocken oder ein kleines Leckerchen.

Oft wird der Rückruf gekoppelt mit einem Vorsitzen und die Belohnung gibt es erst für das »Sitz«. Um hier die Motivation zum Annähern zu erhöhen, aber auch bei unsicheren Hunden, muss deshalb bereits das Herankommen positiv besetzt und bestätigt werden. Erst im zweiten Schritt – und mit zweiter Bestätigung! – erfolgt die nächste Anweisung »Sitz«. So wird schon Herankommen lohnenswert!

- Der Hund steht oder läuft in Ihrer Nähe herum. Mit einem Futterbrocken oder einem Leckerchen wecken Sie seine Aufmerksamkeit und lenken diese auf sich. Langsam wird das Futterstückchen über dem Hundekopf nach hinten geführt, so dass der Hund den Kopf in den Nacken legen muss, um dem Reiz zu folgen. Dabei plumpst er fast zwangsläufig auf sein Hinterteil in die gewünschte Sitz-Position. Sobald er sich gesetzt hat, erhält er den Futterbrocken und vernimmt Ihr ruhig, freundlich und deutlich ausgesprochenes: »Sitz!«

Hilfreich und unterstützend lassen Sie das Kommando noch heller klingen, indem Sie das »i« etwas lang ziehen zu einem: »Siiiiiiiiiitz«.

Bitte bedenken:

→ Neben dem Hörzeichen, also dem gesprochenen Kommando, lässt sich bei allen Übungsaufbauten auch leicht das Sichtzeichen des aufgerichteten Zeigefingers für »Sitz«, mit einführen und etablieren. Dies sollte auch schon beim Welpen eingeführt werden, da Sichtzeichen für alle Hunde »verständlicher« sind.

Übungsaufbau »Platz«

- Der Welpe oder Junghund, aber auch der erwachsene Vierbeiner liegt ruhig auf dem Boden. Sie streicheln ihn kurz sanft, lächeln ihn an und sagen ruhig, freundlich und deutlich: »Platz!« Dabei können Sie ihm einen Futterbrocken oder ein kleines Leckerchen geben.

Liegt der Hund bereits, so lässt ihm einfach mit »Platz« und freundlicher Zuwendung »erklären«, was er da gerade tut.

- Sie bringen den Hund in die »Sitz«-Position, entweder wie oben beschrieben oder – wenn er das schon gelernt hat – mit Sicht- und/oder Hörzeichen »Sitz«. Nun führen Sie den Futterbrocken dicht vor der Hundenase und dem -brustbein langsam nach unten gen Boden. Der Hund folgt und ist nun schon relativ »eingeknickt«. Ist er mit der Nase am Boden, führen Sie das Leckerchen langsam geradlinig von dem Vierbeiner nach vorne weg. Folgt er dem verlockenden Geruch, so streckt er sich in die Länge und legt sich ab. Sobald er sich gelegt hat, erhält er den Futterbrocken und Sie sagen ruhig, freundlich und deutlich: »Platz!« Steht er auf, um dem Futterbrocken zu folgen, verschwindet Ihre Hand mit dem Gaumengenuss sofort hinter Ihrem Rücken und Sie beginnen von vorn. Geduld, Geduld!

- Gelenkige Menschen können den Hund auch unter dem vorgestreckten Bein durchführen, wie es auf der Abbildung zu sehen ist. Sobald der Hund liegt, hört er das »Platz« und erhält seine Futterbelohnung. Das funktioniert mit jungen Hunden ebenso, wie mit kleinen bis mittelgroßen älteren Tieren.

Bitte bedenken:

→ Außer dem Hörzeichen, also dem gesprochenen »Platz«, lässt sich leicht das zugehörige Sichtzeichen, die flach nach unten gerichtete Handfläche, einführen und etablieren. Dies sollte auch schon beim Welpen eingeführt werden, da Sichtzeichen für alle Hunde »verständlicher« sind.

Für gelenkige Hundebesitzer ist auch der Einsatz des »Kasatschok-Schritts« beim Platz-Training möglich.

Das Kommando »Bleib«

Eigentlich ist das Kommando »Bleib« überflüssig, wenn der Hund von Anfang an lernt, dass er ein Kommando so lange durchzuführen hat, bis es durch ein Schlüsselwort (OK, Ab, Lauf oder Ähnliches) oder ein Folgekommando aufgehoben wird. Im Alltag ist es aber zugegebenermaßen manchmal schwierig, die hierzu notwendige Konsequenz wirklich immer und überall aufzubringen. Leicht wird der Hund einmal auf seinen Platz geschickt und mit einem »Platz« dort abgelegt, weil es die Situation gerade erfordert. Dort hätte er dann zu verweilen, bis der Mensch ihn »erlöst« und aus dem Kommando freigibt. Die Realität ist aber doch viel eher, dass nach Auflösung der ursächlichen Situation der Hund in seiner Position schnell vergessen ist und dieser eben weiterhin dort auf seiner Decke liegt – oder eben nicht.

Wurde er aber mit einem »Bleib« abgelegt, so muss (!) der Mensch auf sich selber achten, konsequent die Einhaltung der zugewiesenen Position und/oder des Ortes einfordern, aber auch konsequent das Aufhebungssignal einsetzen!

Grundsätzlich muss auch unterschieden werden, ob das geforderte »Bleib« als »Verweile an dem Ort, den ich Dir zugewiesen habe« oder als »Verharre in der Position, die ich Dir zugewiesen habe«, zum Beispiel »Sitz-Bleib«, »Steh-Bleib« oder »Platz-Bleib« gemeint ist. Mit Welpen sollte lediglich das Verweilen an einem zugewiesenen Ort als »Bleib« geübt werden und dies auch nur über eine kurze Zeitspanne von wenigen Sekunden.

Übungsaufbau »Bleib«

- Will man beim jungen Hund damit beginnen, Übungen länger auszudehnen, so wird anfangs einfach der Bestätigungs-Futterbrocken für diese Übung verzögert gereicht. Der Hund wird in die gewünschte Position gebracht, hat er sie inne, wird das Futter erst ein, zwei Sekunden später gereicht. Langsam wird die Zeitspanne erhöht. Beim älteren Hund geht man in vergleichbarer Art und Weise vor. Möchte man das Hörzeichen »Bleib« etablieren, so wird es während der Verzögerung gesagt.

- Für Hunde, die den Bleib-Befehl noch gar nicht kennen oder die aufgrund von Unsicherheit ungern zurückbleiben, wenn sich ihr Mensch von ihnen wegbewegt, und dazu neigen hinterherzulaufen, empfiehlt sich eine kleine Vorübung, die auch bei

Zum Erlernen des Verweilens kann man damit beginnen, den Hund zu umrunden, bevor man sich weiter von ihm entfernt.

Welpen gut einsetzbar ist. Hierbei sitzt der Hund und schnuppert oder leckt an einem besonderen Leckerbissen. Während die Menschenhand mit der Verlockung vor der Hundeschnauze bleibt, sagt der Mensch »Bleib« und geht langsam um den Hund herum. Ist die linke Hand beim Hund, geht es gegen den Uhrzeigersinn herum, ist die rechte Hand beim Hund, geht es mit dem Uhrzeiger um den Vierbeiner. Klappt das gut, so wird bei der nächsten Übungsstufe der Hund ins Platz gelegt, »Bleib« gesagt und das Futter in der ausgestreckten Hand nur noch gezeigt. Sobald der Hund umrundet wurde, erhält er den Leckerbissen zur Belohnung und Bestätigung. Der Hund erhält somit die Chance zu lernen, dass es gar nichts Schlimmes bedeutet, wenn er ruhig verweilen muss, während sein Mensch in Bewegung ist.

- Bevor der Hund abgesetzt oder abgelegt werden kann, während sich der Mensch etliche Meter von ihm entfernt, sollte über kurze Distanzen geübt werden. Hierbei ist es auch sinnvoll, nicht nur die geradlinige Fortbewegung vom Hund zu trainieren, sondern auch die seitliche oder sogar rückwärtige Richtung kann eingeschlagen werden. Zu Beginn und bei unsichereren Hunden empfiehlt es sich, den Blickkontakt zum Hund zu halten, so dass der Mensch sich rückwärts gehend vom Hund entfernt und ihn und seine Reaktionen gut im Blick hat. Steht der Hund auf, so geht der Mensch zurück und er wird ruhig, aber bestimmt korrigiert. Beim nächsten Versuch wird die Distanz deutlich verringert und nur schrittweise wieder erhöht, damit der Hund die Übung erfolgreich absolvieren kann!

- Manchen Hunden hilft es in der frühen Trainingsphase, wenn er einen ihm bekannten Gegenstand in unmittelbarer Nähe hat. Das kann seine Decke sein, auf die er abgelegt wird, seine Leine, die ihm in liegender Position über die Vorderläufe gelegt wird, Handschuhe oder Schal seines Besitzers.

Bitte bedenken:

→ Zuerst sollte immer unter Verwendung der Leine geübt werden, um den Vierbeiner bei Bedarf kontrollieren und unmittelbar korrigieren zu können!
Außer dem Hörzeichen, also dem gesprochenen »Bleib«, lässt sich leicht das zugehörige Sichtzeichen, die gerade nach vorn gerichtete, gen Hund zeigende Handfläche, einführen und etablieren.

Nicht nur die geradlinige Entfernung vom Hund sollte geübt werden, sondern auch die zur Seite.

Das Kommando »Steh«

Auch das Stehen auf Befehl ist ein sinnvolles und vielfach anwendbares Kommando.

Für das allgemeine Alltagsverhalten ist es sinnvoll, dem Hund auch ein Stehen auf Anweisung beizubringen. Einmal sicher gelernt, wird er später ruhig(er) und routiniert(er) beim Tierarzt auf dem Untersuchungstisch stehen, als Alternative zum Sitzen am Straßenrand gelassen stehen bleiben oder sich als angehender Show-Star im Ausstellungsring besser präsentieren.

Übungsaufbau »Steh«

- Sie gehen mit dem Hund an der Leine und warten, bis er das Leinenende erreicht hat. Dann bleiben Sie stehen. Der Hund wird dadurch abgebremst, und in dem Augenblick, in dem er zum Stehen kommt, erfolgt von Ihnen das Kommando »Steh«.

- Statt mittels der Leine den Hund abzustoppen, können Sie auch den quer ausgestreckten Arm vor den Hund halten und ihn so zum Stehen bringen. Sobald er steht, sagen Sie ihm die Anweisung »Steh« und belohnen sein korrektes Verhalten.

Zum Abschluss einer Übung, wenn kein anderes Kommando die ursprüngliche Anweisung aufhebt, das Aufhebungssignal nicht vergessen.

- Der Hund wird mit einer Hand unter dem Bauch fixiert und im Stand gehalten. Sie sagen ihm das Kommando »Steh« und belohnen sein korrektes Verhalten.

Bitte bedenken:

➔ Wie bei allen Übungen, wird zuerst ohne Ablenkung (am besten im häuslichen Bereich) trainiert! Die Ablenkung wird erst gesteigert, wenn es gut klappt.

Aufhebungssignal

Um den Hund daran zu gewöhnen, dass Sie die Dauer der Ausführung einer Anweisung bestimmen, ist es wichtig, ein Aufhebungssignal zu etablieren. Das kann »Lauf«, »OK« oder was auch immer Ihnen gefällt sein. Hauptsache, es wird konsequent und von allen Personen, die mit dem Hund zu tun haben, gleichermaßen eingesetzt. Beim Welpen muss berücksichtigt werden, dass er noch lernt und sich nicht über längere Zeit konzentrieren kann, deshalb folgt bei ihm das Aufhebungssignal **immer** relativ zügig nach der absolvierten Übung.

Achten Sie auf Ihren eigenen Umgang mit dem Hund und schludern Sie hier nicht! Sie legen eine wichtige Basis, die Sie und Ihren Hund viele Situationen im Alltag leichter wird meistern lassen, z.B. das abwartende Sitzen vor der roten Ampel am Fußgängerüberweg, das Folgen, wenn Sie durch Tür oder Tor gehen wollen, das ruhige Verharren im Auto bis zu Ihrem Kommando »Hopp«, wenn er aussteigen darf.

Bitte bedenken:

➔ **Ein Kommando muss vom Vierbeiner so lange durchgeführt werden, bis ein Aufhebungssignal dieses aufhebt oder sich ein weiteres Kommando anschließt (z.B. vom »Sitz« zu »OK« = Aufhebungssignal »OK« oder vom »Platz« zu »Fuß« = »Fuß« neues Kommando).**

Die Sache mit der lockeren Leine und das Kommando »Fuß«

Ein entspannter Spaziergang mit angeleintem, locker neben dem Menschen hertrabenden Hund ist für viele Hundebesitzer ein Wunschtraum. Häufig(er) marschiert der Vierbeiner ziehend, zerrend, keuchend und schnaufend an straffer Leine voran und schleift Herrchen oder Frauchen mit hochrotem Kopf hinterher. Wird bei kleinwüchsigen Hunden das Ziehen an der Leine durchaus als lästig empfunden, ist der Mensch dennoch häufig gewillt, es als gegeben hinzunehmen, da er kräftemäßig den kleinen Karrengaul noch gebändigt bekommt. Bei großwüchsigen Hunden ist die Leidensfähigkeit des Zweibeiners deutlich geringer.

An der Leine zu ziehen und zu zerren, ist für nicht wenige Hunde völlig normaler Alltagsgang.

Grundsätzlich ist zu unterscheiden zwischen dem Kommando »Fuß«, bei welchem der Hund auf Kniehöhe des Menschen auf der ihm zugewiesenen Seite zu gehen hat, und dem Gehen an lockerer Leine, der sogenannten Leinenführigkeit! Während eines normalen Spaziergangs, in der Stadt, überall dort, wo Anleinpflicht besteht, bei allen Gelegenheiten, bei welchen der Hund eben nicht frei laufen kann, sondern an der Leine geführt wird, muss er nicht permanent »Bei Fuß« gehen! Doch sollte er lernen, seinen Menschen zu begleiten und mit locker durchhängender Leine neben ihm herzulaufen. Die Leine wird im optimalen Fall zum nonverbalen Signal: Ist sie am Halsband oder Brustgeschirr (vorausgesetzt, das Geschirr wird nicht zum »erlaubten« Ziehen, wie später noch erklärt, eingesetzt!) eingehängt, wird gesittet und ohne Zug gelaufen und weder auf andere Menschen, Tiere oder sonstige Dinge des hundlichen Interesses hingezogen.

Entspanntes Gehen in der Gruppe mit angeleinten Hunden.

Um den Spaß am Ziehen an der Leine vorbeugend zu verhindern, sollte der Hund von Welpenbeinen an lernen, dass er im angeleinten Zustand keinen Kontakt zu ihm fremden Hunden aufnehmen und erst recht nicht angeleint mit anderen Hunden spielen darf!

Übungsaufbau »Locker gehen an der Leine«

- Auch, wenn es lästig erscheint – Die wichtigste Reaktion auf das Ziehen an der Leine ist: Stehenbleiben! Der Hund muss erfahren, dass ihn sein Ziehen weder schneller, noch sicherer, sondern gar nicht ans angestrebte Ziel bringt. Und hierbei ist 100 %-ige Konsequenz vom Menschen nötig, denn leider lernt unser Hund aus den kleinen Inkonsequenzen zuverlässiger, als aus 90 % konsequentem Handeln!

Konsequenter Richtungswechsel verhilft zur Erhöhung der Aufmerksamkeit des Hundes.

- Eine weitere mögliche Reaktion auf hundliches An-der-Leine-Ziehen ist der Richtungswechsel. Hierzu sollte mit der 5-Meter-Leine vorgearbeitet werden, da der Vierbeiner sich an der längeren Leine nicht so sehr konzentrieren muss wie an einer kurzen.

- Übungen zum lockeren Gehen sollten nur dann erfolgen, wenn der Hund bereits vom Spielen und Toben müde ist und bereitwilliger langsam und gesittet geht und keinen Druck »dringender Geschäfte« verspürt.

- Bei großen, kräftigen Hunden ist die Anwendung eines Kopfhalfters (Halti) empfehlenswert. Der Umgang mit dem Halti muss dem Hundebesitzer aber durch eine versierte Person (Hundetrainer) erklärt und gezeigt werden. Auch muss das Halti für den jeweiligen Hund passend sein. Halti im Zoogeschäft kaufen, anlegen und losmarschieren funktioniert nicht!

Ein »Halti«-Kopfhalfter ist ein sinnvolles Erziehungshilfsmittel und eine gute Führhilfe gerade bei großen, kräftigen Hunden.

- Verzichten Sie grundsätzlich auf den Gebrauch einer Rollleine (Flexileine), solange Ihr Hund das lockere Gehen an der Leine noch nicht beherrscht. Durch die Rollleine lernt er: »Je mehr ich ziehe, umso mehr Leinenlänge erhalte ich, umso flotter komme ich, wohin ich will.« Durch den Gebrauch einer Rollleine bringen Sie Ihrem Hund quasi selber das Ziehen an der Leine bei!

- Eine Übung aus unserem Buch »So geht´s nicht weiter« soll auch an dieser Stelle eingefügt werden: Ein Helfer hält den Hund an der Leine fest, während der Besitzer dem Hund zeigt, dass er für ihn – vorerst unerreichbar in einiger Entfernung! – einige Futterbrocken auf den Boden legt. Nun wird der angeleinte Hund vom Besitzer übernommen und in die Richtung des ausgelegten Futters geführt. Beginnt er, darauf zuzuziehen, bleibt man sofort mit ihm stehen. Verhält er sich ruhig und nimmt den Zug aus der Leine, wird der nächste Schritt Richtung Futter angetreten. Zieht der Hund erneut, wird sofort wieder angehalten. Geht der Hund ruhig, so geht es weiter. Wird das ausgelegte Futter ohne zu ziehen erreicht, so darf er dies auf Kommando fressen. Der Hund soll lernen: Ziehen bringt mich nicht zum Ziel!

Bitte bedenken:

Wichtig bei der zuvor beschriebenen Übung ist, dass der Hund sieht, wer ihm das Futter auslegt, nämlich sein eigener Mensch. Schließlich wollen wir nicht den Hund dazu animieren, später fortan alles vom Boden aufzusammeln.

- Gewöhnen Sie Ihren Hund an ein Brustgeschirr und lassen Sie ihn damit bewusst ziehen. Sobald er sich richtig ins Geschirr gelegt hat, geben Sie ihm als Kommando »Zieh«. Der Vierbeiner lernt, dass er am Geschirr ziehen darf. Hat er aber ein Halsband an, wird das Ziehen gemäß der oben angegebenen Tipps negiert. Für den Hund bedeutet das: Signalobjekt Geschirr = Ziehen, Signalobjekt Halsband = lockeres Gehen.

Wir denken, mit der Variante »Geschirr = Ziehen erlaubt« sind die verschiedenen Übungen auch im Alltag umsetzbar. Schließlich muss es manchmal schnell gehen, mal eben schnell zum Kindergarten oder zur Schule, den zweibeinigen Nachwuchs abholen, mal eben schnell noch zum Tante-Emma-Laden, mal eben schnell etwas wegbringen oder abholen. Und da sind konsequente »Stehspaziergänge« einfach nicht möglich.

Bitte bedenken:

→ Hunde (wie auch wir Menschen) wollen mit ihrem Verhalten Erfolg haben. Geht es konsequent (!) nicht weiter voran, wenn vom Hund gezogen wird, und hat er nur dann einen Vorteil, wenn er nicht zieht, so wird er auf Dauer bevorzugen, nicht zu ziehen. Hier geben leider die meisten Zweibeiner viel zu schnell auf und kapitulieren vor der (im Vergleich zum Menschen deutlich konsequenteren!) Hartnäckigkeit des Vierbeiners!

Ein Hund kann durchaus lernen zu unterscheiden, woran er geführt wird. Und so kann man ihm das Ziehen mit Brustgeschirr gestatten und gesittetes Gehen am Halsband abverlangen.

Übungsaufbau zum »Fuß«-Gehen

- Hunde, die aus lauter Vorfreude und purer Energie zu Beginn des Spaziergangs bereits massiv ziehen, werden sicherlich nur schwer ins Kommando »Fuß« zu bringen sein. Deshalb sollte vor Aufnahme des eigentlichen »Fuß-Trainings« zuerst im Garten oder auf der Freilaufwiese ausgelassen mit ihnen gespielt werden, bevor es »ernst« wird.

- Der Zickzack-Lauf: Der Hund geht angeleint an der ihm zugewiesenen Seite. Der Mensch läuft nun auf der Diagonalen nach rechts. Nach einigen Metern macht er einen rechten Winkel nach links und geht diagonal zur linken Seite weiter. Nach einigen Metern macht er einen Winkel nach rechts und geht wieder diagonal nach rechts. So arbeitet man sich in einer Zickzack-Linie voran. Begleitet der Hund den Menschen aufmerksam an der Seite, so wird das Kommando »Fuß« gegeben und er wird verbal oder mit Futter bestätigt. Drängt der Hund am Menschen vorbei und droht zu überholen, so kehrt der Mensch auf der Hundeseite um, so dass er dem Vierbeiner den Weg abschneidet. Schleicht der Hund zu sehr hinter dem Menschen her, so dreht der Mensch über die hundabgewandte Seite um und motiviert den Vierbeiner, der nun den längeren Weg zurückzulegen hat, zum schnellen Herankommen. Läuft er dann neben dem Menschen her, so folgt das Kommando »Fuß« (und erst dann!) und die Bestätigung.

- Der Mensch geht mit seinem angeleinten Hund parallel zu einer Mauer oder Hecke, der Vierbeiner befindet sich zwischen Mauer oder Hecke und Mensch. Der Mensch hält den Hund neben sich und stellt beim Laufen immer das linke Bein leicht vor den Hund, so dass dieser nicht vorpreschen und überholen kann. Bleibt der Hund an der Seite des Menschen, so wird er deutlich gelobt. Diese Übung erfolgt zu Beginn nur über eine kurze Strecke und wird dann langsam gesteigert.

- Immer, wenn der Hund locker an der ihm zugewiesenen Seite mitläuft, kann ihm »Fuß« gesagt und bestätigt werden.

Bitte bedenken:

→ Bei allen Übungen werden die Futtergaben erst dann reduziert oder variabel gereicht, wenn der Vierbeiner das Kommando erlernt hat und zuverlässig ausführt.
Das Ziel ist nach langer Trainingszeit natürlich, dass die Fellnase die Anweisungen ohne jegliche Futtergabe durchführt, da sie zur Routine geworden sind. Ein permanentes Füttern ein Leben lang, ist nicht anzustreben!

Der Zickzack-Lauf ist ein gutes Mittel, um Aufmerksamkeit und Folgebereitschaft des Hundes auf dem Weg zur Leinenführigkeit und zum »Fuß«-Gehen zu trainieren. ▶

Erziehungshilfsmittel – Brevier

Eine Auswahl von angebotenen Erziehungshilfsmitteln, denen der Hundebesitzer in Geschäften, Zeitungen, Internet begegnen kann, **ohne** Anspruch auf Vollständigkeit und Empfehlung.

Antibellhalsband

Laut Werbung zu diesem Produkt soll das Halsband durch das Bellen des Hundes selbst ausgelöst werden und diesen dann mittels eines austretenden Wassergases erschrecken. Leider unterscheiden die Geräte häufig nicht, ob der das Halsband tragende Hund bellt oder der aus dem Nachbargarten und lösen unter Umständen ungerechtfertigt aus. Auch unterscheiden die Geräte nicht zwischen einem berechtigten Bellen (wenn z.B. unangemeldete Besucher das Grundstück betreten und das Territorialverhalten des Hundes anregen) und einer unerwünschten Bellerei »just for fun«. Außerdem reagieren etliche Geräte auch auf andere laute Geräusche, was für den Viereiner fatale Verknüpfungen herstellen muss.

Arbeitsleine

siehe Leinen allgemein

Brustgeschirr

Heutzutage wird fast eine Glaubensfrage daraus gemacht, ob ein Hund ein Halsband oder ein Brustgeschirr tragen soll. Für bestimmte Einsätze und Trainingsabläufe (Rettungshunde, Fährtenarbeit) sind Brustgeschirre bestens geeignet. Für Schlitten- und Zughunde sind sie eine Selbstverständlichkeit. Es gibt eine Vielzahl verschiedener Modelle innerhalb der mitt-lerweile großen Palette an Brustgeschirren. Jeder Hundebesitzer mag für sich und seinen Hund selber entscheiden, was ihm am liebsten ist und am geeignetsten erscheint.

Clicker

Der Clicker ist der Inbegriff eines positiven Verstärkers und dient der positiv besetzten Erziehung (und Ausbildung) des Hundes. Das »Click«-Geräusch des Clickers, einer Art Knackfrosch, wie wir ihn aus der eigenen Kindheit kennen, vermittelt dem Hund: »Gut gemacht!« Zum Einsatz des Clickers wird der Hund zu Beginn an den Clicker gewöhnt, in der Fachsprache heißt es, er wird auf den Clicker konditioniert. Hierzu erhält er bei jedem Click Futter, so dass ihm schnell klar ist: Click = Futter. Grob vereinfacht lässt sich sagen: Wenn mit dem Clicker gearbeitet wird, wird korrektes Verhalten des Hundes bestätigt, nicht korrektes Verhalten wird ignoriert. So wird der Hund dazu gelenkt, das erwünschte Verhalten, welches ihn zum Ziel bringt (Click und Belohnung) verstärkt zu zeigen, unerwünschtes Verhalten, was zu keinem Erfolg führt, einzustellen.

Coyote Call

siehe Hundepfeife

Gentle Leader

siehe Halti

Halsband

Ein gut sitzendes, nicht zu schmales Halsband gehört zur Grundausstattung des Hundes. Es gibt Halsbänder aus allen möglichen Materialien und mit verschiedenen Schließmechanismen. Bei sehr langhaarigen Hunden ist ein Halsband mit normalem Schnallen- oder Klickverschluss oft unangenehm, da hier die Haare leicht eingeklemmt werden. Besser sind da Halsbänder, die einfach über den Kopf gezogen werden können, wie sogenannte Zug-Stopp-Halsbänder. Bei Halsbändern mit Klickverschlüssen (Click-Snap) sollte unbedingt darauf geachtet werden, dass der Verschluss zusätzlich gesichert ist. Die Plastikzähne der Klickverschlüsse unterliegen u.U. einer Materialermüdung und können abbrechen. Springt dann der Hund ins Halsband und dieses löst sich, so fällt es bei nicht vorhandener Sicherung vom Hals ab und der Hund ist ungesichert. Sehr unangenehm z.B. an einer stark befahrenen Straße!

Abzulehnen sind jegliche Formen von Halsbändern, die dem Hund Schmerz oder psychischen Druck verursachen. Dies sind u.a. Würgehalsbänder und -ketten, Oberländer-Halsbänder (»schicke« Lederhalsbänder mit innen angebrachten Stacheln), Stachelhalsbänder (auch als Dressur-, Schüttel-Ruck- oder Korallenhalsbänder bezeichnet).

Halti

Das Halti ist ein Kopfhalfter. Durch die direkte Einwirkmöglichkeit auf den Kopf des Hundes, eignet es sich sehr gut als Erziehungshilfsmittel zum Abbrechen bzw. Umlenken des Blickkontaktes und dient der besseren Kontrolle des Hundes. Bei besonders kräftigen Hunden eignet es sich auch als Führhilfe. Viele Hundegesetzgebungen akzeptieren das Halti als (sinnvolle!) Alternative zum Maulkorb! Doch stellt das Halti keinen Maulkorb dar, denn der Hund kann sein Maul komplett öffnen, problemlos fressen, trinken und sogar Gegenstände tragen. Hunde sollten an das Tragen des Haltis gewöhnt werden und der Besitzer muss die Handhabung des Haltis unter fachkundiger Anleitung erlernen.

Eine Alternative zum herkömmlichen Halti stellen die Nylon-Fangmanschetten (nicht zu verwechseln mit einem Nylon-Maulkorb oder der maulkorbähnlichen Nylonmanschette!) dar. Für Rassen mit kurzem Fang oder bei Hunden, denen das Halti selbst bei ansonsten gutem Sitz in der Augenregion scheuert, kann diese breite, weich gepolsterte, das Maul nicht einengende und mit einem Führring unter dem Fang versehene Manschette ausprobiert werden.

Gentle Leader

Ähnelt dem Halti, wird jedoch im Bereich der Kehle auf die Schnauzengröße fest fixiert. Die »Hebelwirkung« ist aus diesem Grunde nicht so optimal wie beim Halti. Für Hunde mit kurzer Schnauze eine Alternative, da man den Nasenriemen feststellt, er somit nicht verrutscht.

Hundepfeife

Den Hund auf das Signal einer Hundepfeife zu trainieren, bringt viele Vorteile. Die Pfeife ist emotionslos und klingt immer gleich, auch kann sie von allen Familienmitgliedern gleichermaßen eingesetzt werden. Wir bevorzugen die normale Büffelhorn-Pfeife und stehen den sogenannten lautlosen Hundepfeifen etwas skeptisch gegenüber. Diese lautlosen Pfeifen müssen mittels Justierrädchen auf einen bestimmten Ton eingestellt werden. Leider verstellen sich diese Rädchen aber leicht und so weiß man bei nicht erfolgter Reaktion des Hundes nicht, ob er ungehorsam ist oder die Pfeife womöglich wirklich nicht gehört hat. Auch sind diese Pfeifen so dünn und klein, dass sie sich gern »in Luft auflösen« und verschwunden (sprich verlegt) sind. Eine besondere Art der Hundepfeife ist die »Coyote-Call«, die keinen Pfeifton ausstößt, sondern quakende Geräusche von sich gibt und besonders bei jagdlich motivierten Hunden Aufmerksamkeit erzielt. Diese Form der Hundepfeife konnte sich aber in Deutschland nicht durchsetzen, da das Einstellen der diversen Töne sehr kompliziert ist, auch ist sie relativ groß und unhandlich. Außerdem haben Hundehalter oft schon Hemmungen, eine normale Pfeife einzusetzen. Um jetzt auch noch wie eine Ente quakend durch die Gegend zu laufen und sich den verwundert zweifelnden Blicken und Bemerkungen der netten Mitmenschen auszusetzen, bedarf es schon einer sehr ausgeprägten Dickfelligkeit.

Leckerchen

Die Belohnung über Futter wird in Hundeerziehungskreisen gern kontrovers diskutiert. Sicherlich muss der Hund nicht sein Leben lang für jedes »Sitz«-Befolgen ein Rinder-Steak erhalten, doch gerade in den Übungsphasen ist die Belohnung über Futter bei verfressenen Hunden eine leicht handhabbare Maßnahme. Natürlich kann bei verspielten Hunden alternativ mit einem Spielzeug belohnt werden. Wird mit Futter belohnt, so muss das »Leckerchen« nicht unbedingt etwas besonders Großartiges sein, vielen Hund reicht das normale Futter. Für besondere Übungen dürfen es aber auch besondere Gaumengenüsse wie Käsestückchen oder gekochte Fleischbröckchen sein. Häufig hören wir im Training: »Mein Hund ist über Futter gar nicht zu motivieren!« Sicherlich gibt es Hundetypen (hierzu gehören häufig auch Herdenschutzhunde), für die Futter kein großer Anreiz ist. Doch meist liegt es eher daran, dass der Hund einfach viel zu satt und überfüllt ist! Deshalb: Insgesamt etwas knapper im Futter halten und vor Trainingseinheiten, zum Beispiel vor dem Besuch der Hundeschule, auf das Füttern gänzlich verzichten. Übrigens gilt auch beim Hund: Voller Magen studiert nicht gern!

Leinen, allgemein

Hundeleinen gibt es aus verschiedensten Materialien und in verschiedensten Designs, für jeden Geschmack wird etwas angeboten. Für den täglichen Gebrauch eignen sich 1,20 bis 1,50 m lange Leinen oder die dreifach verstellbaren 2 bis 2,20 m Leinen am besten. Die 5, 8 oder sogar 10 m lange Rollleine (oft mit dem Markennamen Flexi-Leine bezeichnet) ist nur für besondere Fälle für diejenigen Hunde geeignet, die sehr gut leinenführig sind, aber situativ nur an der Leine geführt werden können (z.B. Läufigkeit der Hündin).

Ein täglicher Gebrauch einer Rollleine verführt den Hund zum Leineziehen, da er lernt: Lege ich mich in die Leine und baue Druck auf, so erhalte ich mehr Leinenlänge und größeren Aktionsradius!
Für bestimmte Trainingszwecke mit dem Hund sind spezielle Leinen empfehlenswert:
Die **Arbeitsleine** ist eine mehrere Meter (5–10 m) lange, angenehm in der Hand liegende Leine mit Handschlaufe. Sie wird z.B. zu Distanz- und Rückrufübungen eingesetzt.
Die **Schleppleine** ist eine mehrere Meter (5–10 m) lange, dünnere Leine ohne Handschlaufe, die nur über einen Karabiner mit dem Hundehalsband oder (besser!) -geschirr verbunden ist. Da sie nicht in der Hand gehalten wird, sondern über dem Boden schleift, sollte sie aus strapazierfähigem Synthetikmaterial sein. Auch sie wird z.B. zu Distanz- und Rückrufübungen eingesetzt, sichert den Hund beim Freilauf-Training und erweist gute Dienste beim jugendlichen Hund, um diesen an einer Verselbständigung zu hindern. Schleppleinen können in bestimmten Übungssituationen auch im Haus als Hausleine mit eingesetzt werden, wobei hierbei die Länge dem Bedarf angepasst sein muss.

Maulkorb

Maulkörbe umschließen den gesamten Fang des Hundes und verhindern, dass der Hund zubeißen kann. Es gibt sie aus Metall, kräftigem Leder und aus Synthetikmaterial. Ein Maulkorb muss gut angepasst werden und druckfrei sitzen. Hunde sollten an das Tragen des Maulkorbes gewöhnt werden, damit sie ihn akzeptieren. Bei aggressionsbereiten Hunden eignet sich das Training mit Maulkorb gerade aus dem Grund, weil der Besitzer ohne Angst vor eventuellen Beißfolgen ruhiger und gelassener reagieren kann. Diese souveränere Haltung des Menschen überträgt sich fast immer positiv auf den Hund und dieser hat die Chance, alternative Lösungsstrategien kennen zu lernen und zu erlernen.
Die als Maulkorbersatz im Handel erhältliche Nylonschlaufe ist mit großer Skepsis zu betrachten! Hierbei handelt es sich um eine eng über dem Maul sitzende Nylonmanschette, die dem Hundebesitzer durch das weiche Material eine positivere Trageeigenschaft vorgaukelt. Wird sie jedoch als Maulkorb verwendet, so muss sie derart eng sitzen, dass der Hund zwar sein Maul zum Beißen nicht mehr öffnen kann, gleichzeitig aber auch sein Hecheln behindert wird und ein Temperaturausgleich nicht mehr erfolgen kann. Im Sommer bei großer Hitze wird eine derartige Nylonschlaufe schnell zum gesundheitlichen Risiko!
Heutzutage werden unter der Bezeichnung Nylonschlaufe aber auch Führhilfen angeboten, die eine Mischung zwischen Halti und weicher, weiter sitzenderer Fangmanschette darstellen. Für Rassen mit kurzem Fang oder bei Hunden, denen das Halti selbst bei ansonsten gutem Sitz in der Augenregion scheuert, können diese Fangmanschetten eine Alternative zum herkömmlichen Halti darstellen.

Nylonschlaufe

siehe Maulkorb

Rappeldose

Die Rappeldose ist ein typischer Negativverstärker. Ein mit kleinen Schräubchen oder Muttern gefülltes, gut verschlossenes Blechdöschen wird immer dann benutzt, wenn der Hund beim Aufzeigen eines unerwünschten Verhaltens erschreckt und somit an der Fortsetzung seines Tuns gehindert werden soll. Das Rappel-Geräusch der Dose vermittelt dem Hund: »Lass´es!« Grob vereinfacht lässt sich sagen: Wird die Rappeldose eingesetzt, so wird das unerwünschte Verhalten des Hundes negativ (Erschrecken) besetzt. So wird der Hund dazu gelenkt, das unerwünschte Verhalten, welches zu einem negativen Erfolg (Erschrecken) führt, einzustellen. Leider verleiten die im Fernsehen Dosen werfenden »Supernannys« dazu, dass dieses Mittel vom Laien unbedacht viel zu häufig und falsch angewandt wird. Das hat zur Folge, dass sich die Wirkung (im besten Fall) verschleißt oder (im schlechtesten Fall) der Hund völlig verstört wird.

Rollleine / Flexileine
siehe Leinen allgemein

Schleppleine
siehe Leinen allgemein

Spielzeug
Spielfreudige Hunde können über Spiel mit einem besonderen »Trainings-Belohnungs-Spielzeug« bestätigt und belohnt werden. Die Industrie bietet hier eine Fülle von diversen Hundespielzeugartikeln an. Tannenzapfen und Stöcke eignen sich nicht gut als Spielgegenstände, da diese eine potenzielle Verletzungsgefahr in sich bergen! Besser ist es, auf Hartgummispielzeug oder auch auf spezielle Bälle oder Plüschgegenstände zurückzugreifen. Bei Spielzeug mit Quietsch-Innenleben muss aber darauf geachtet werden, dass der Hund dieses nicht »herausoperiert« und verschluckt!
Dringend gewarnt werden muss vor ausgedienten Tennisbällen als Spielzeug für den Hund! Die spezielle Oberflächenbeschaffenheit zerstört die Zähne des Hundes!

Trainings-Disc

Wie die Rappeldose, so sind auch die kastagnettenähnlichen Trainingsscheiben, die Disc-Scheiben, ein massiv beeindruckender Negativverstärker. Disc-Scheiben dürfen **niemals** ohne sachkundige Anleitung erstmalig eingesetzt werden! Sie wirken über Frustration und führen manche Hunde in eine extreme Verunsicherung. Es ist daher außerordentlich wichtig, dass die Wirkung der Disc-Scheiben auf den Hund durch einen kompetenten Hundetrainer beaufsichtigt wird, der auch die notwendige Konditionierung des Hundes auf die Scheiben vornehmen muss. Diese Vorarbeit der Konditionierung darf hierbei nicht vom Besitzer selbst vorgenommen werden, denn der verunsicherte Hund muss beim Besitzer Schutz finden können! Wird die Konditionierung vom Besitzer durchgeführt, so zeigt der Vierbeiner in den meisten Fällen seinem Halter gegenüber Meideverhalten, was auf keinen Fall geschehen darf. Grundsätzlich stellen Disc-Scheiben eine so massive Einwirkung auf den Hund dar, dass sie in der Hand des »normalen« Hundebesitzers eigentlich nichts zu suchen haben und im Prinzip auch nicht frei verkäuflich sein sollten. Vom unsachgemäßen Gebrauch kann nur abgeraten werden!

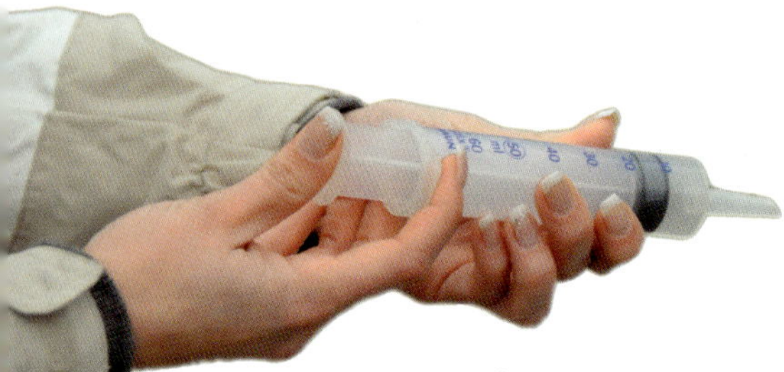

Wasserspritze

Ein gutes Hilfsmittel in verschiedenen Trainingssituationen, in denen es um Verhaltensabbruch geht, ist die Wasserspritze. Für den Hund überraschend und unvorhersehbar, kann er auch über etwas größere Distanz erreicht und sein Tun behindert werden. Gut eignen sich größere Plastikspritzen, die eine reichliche Portion Wasser aufnehmen und dieses mit ausreichendem Druck herausspritzen. Viele Hundebesitzer kommen im Haus auch mit Blumenspritzen bestens zurecht.

Sprühhalsband

Sprühhalsbänder können eingesetzt werden, wenn der Hund grundsätzlich die Grundkommandos beherrscht, diese aber in besonderen Situationen gern ignoriert (z.B. im Wald aufgrund von Jagdpassion). Sie dienen dem Verhaltensabbruch, auch auf größere Distanz, da Sprühhalsbänder bis zu 300 m Reichweite haben. Der Hundebesitzer kann mittels Sender den Ausstoß eines Wassergases zur Verunsicherung des Hundes auslösen. Wie die Disc-Scheiben, so ist auch bei Sprühhalsbändern die Wirkung auf den Hund sehr intensiv. Aus diesem Grund muss auch hierbei vom eigenmächtigen Gebrauch durch den »normalen« Hundebesitzer dringend abgeraten werden. Ein Sprühhalsband sollte zu Beginn immer und ausschließlich unter der Anleitung eines sachkundigen Trainers und in Verbindung mit gezieltem Training zur Etablierung von Alternativverhalten eingesetzt werden!

Stromreizgeräte

Stromreizgeräte (z.B. Teletakt) verstoßen gegen § 3 Nr. 11 des Tierschutzgesetzes und sind tierschutzrechtlich verboten. Das Bundesverwaltungsgericht (BVerwG) hat dies in seinem Urteil vom 23.02.2006, AZ: 3 C 14.05, bestätigt.

Bitte bedenken:

→ Der Markt hält noch eine Vielzahl von mehr oder weniger sinnvollen Dingen rund um die Erziehung des Hundes bereit, doch sollte nicht jede »neue« Modetendenz mitgemacht und jedes »Wunder-Erziehungshilfsmittel« angeschafft werden!
Grundsätzlich sollte sich jedes Mensch-Hund-Team bemühen, mit so wenigen Hilfsmitteln wie nötig in der Hundeerziehung auszukommen und lieber die Erziehung basieren lassen auf Vertrauen, Verstehen, Konsequenz und Authentizität!

Zum guten Schluss

Die vorangegangenen Seiten sollen dem Hundehalter kleine Hilfestellungen und Denkanstöße bei der Alltagserziehung ihres Vierbeiners geben. Deutlich gesagt werden muss, dass ein so kleines Büchlein keine hundertprozentige »Bedienungsanleitung« des Hundes mit Gelinggarantie darstellen kann und soll! Viele Wege führen bekanntlich nach Rom, und viele Möglichkeiten gibt es, den Hund zum tollen Alltagsbegleiter anzuleiten. Wenn wir mit diesem Ratgeber zumindest den ein oder anderen Tipp geben können oder dazu beitragen, dass der Hund in seinem Hundedasein und mit seinem Verhalten besser verstanden und gefördert, wie gefordert werden kann, so haben wir unser Ziel erreicht. Versuchen Sie, lieber Hundefreund, den für Sie und Ihren Hund passenden Weg zu finden, probieren Sie verschiedene Varianten aus und halten Sie Ihr angestrebtes Ziel im Auge. Gern können Sie uns bei Fragen, die sich aus unseren Übungsvorschlägen ergeben, auch kontaktieren.

Bitte bedenken Sie aber immer: Alltagserziehung hat nichts mit Dressur und Ausbildung zu tun! Begehen Sie mit Ihrem Vierbeiner den vertrauensvollen Weg des Miteinanders und machen Sie sich frei von dem Gedanken, dass ein Hund »funktionieren« muss! Ein Hund ist keine Maschine, sondern ein Lebewesen mit einer beseelten Individualität, einem ihm eigenen Charakter und mit eigenem Charme – und dafür lieben wir ihn doch!

Danksagung

Die letzten Zeilen sollen unseren Dank an diejenigen Menschen »im Hintergrund« tragen, die es uns ermöglicht haben, das Buch wie vorliegend zu erarbeiten und zu gestalten.
Herzlicher Dank Euch allen:
Claudia für das Lektorat, Oliver für die tollen Fotos, den Kunden, zwei- wie vierbeinig, der Hundeschulen Hunde-Farm »Eifel« und »Tatzen-Treff« für die »Foto-Sessions«!

Und natürlich wieder ein dicker Dank an unsere eigenen Hunde Inuit, Jazz, Lolle, Momo, Nelly, Odessa und Schnuppe für das Aushalten der »Sei-schön-brav-und-lass-das-Frauchen-schreiben-und-lesen«-Phasen, die es zu Zeiten der Manuskripterstellung eben immer oftmals gibt!
Dank auch an diejenigen, die uns im Gedankenaustausch zu neuen Ideen anregten.

Quellen und Tipps zum Weiterlesen

Bloch, Günther
Der Wolf im Hundepelz
Kosmos, Stuttgart, 2004

Gansloßer, Dr. Udo / Krivy, Petra
Verhaltensbiologie für Hundehalter – Das Praxisbuch
Kosmos, Stuttgart, 2011

Krivy, Petra
Herdenschutzhunde
Kosmos, Stuttgart, 2004

Krivy, Petra / Lanzerath, Angelika
Familienhunde gut erzogen
Müller Rüschlikon, Stuttgart, 2013

Krivy, Petra / Lanzerath, Angelika
Alte Hunde
Die Hundeschule
Müller Rüschlikon, Stuttgart, 2015

Krivy, Petra / Lanzerath, Angelika
Was ein Welpe lernen muss
Die Hundeschule
Müller Rüschlikon, Stuttgart, 2009

Krivy, Petra / Lanzerath, Angelika
So geht´s nicht weiter
Die Hundeschule
Müller Rüschlikon, Stuttgart, 2009

Krivy, Petra / Lanzerath, Angelika
Beschäftigungsideen für den Familienhund – DVD
Dogtale Movies, Bad Münstereifel, 2015

Nützliche Adressen

Hundeschule »Tatzen-Treff«
Petra Krivy
Zur Grube 2
57399 Kirchhundem
Telefon & Fax: 02764-7706
E-Mail: info@tatzen-treff.de
Slovensky Cuvac Zucht »vom Wolfshorn« (VDH/FCI)
www.cuvac.de

Hundeschule Angelika Lanzerath
Mühlenberg 14
53902 Bad Münstereifel-Eichen
Telefon: 02257-7728
E-Mail: kedvesmomo@t-online.de
www.hundeschule-angelika-lanzerath.de

doggytools
Poststr. 91
71229 Leonberg
Telefon: 0711-88827869
E-Mail: shop@doggytools.de
www.doggytools.de

Autorenportraits

Angelika Lanzerath lebte schon als Kind mit Hunden zusammen. Heute sind es immer mehrere Kuvasz-Hündinnen, die sie begleiten. Von der Persönlichkeit dieser ungarischen Herdenschutzhunde fasziniert, züchtet Angelika Lanzerath diese mit großer Passion seit 1980 unter dem Namen »von Anka«. Über 30 Jahre war sie Mitarbeiterin von Günther Bloch; Hunde-Farm »Eifel«. Seit 2016 betreibt sie die Hundeschule Angelika Lanzerath. Sie ist anerkannte Sachverständige und sieht sich als Dolmetscherin zwischen Mensch und Hund. Unzähligen Mensch-Hund-Teams konnte sie schon Hilfestellung geben. Aufgrund der langen Erfahrung in Haltung, Erziehung und Zucht gilt Angelika Lanzerath als Expertin für Herdenschutzhunde. Sie hält bundesweit Seminare und Vorträge zu Themen rund um den Hund.

www.hundeschule-angelika-lanzerath.de

Petra Krivy wird seit Kindheitsbeinen an von Hunden begleitet, vom reinrassigen Langhaardackel »Teddy« über diverse Mischlinge. Anfang 1980 lernte sie die slowakische Hirtenhundrasse Slovenský kennen. Ihr blieb sie bis heute treu, züchtet sie seit 1989 unter dem Namen »vom Wolfshorn«. 1999 begründete sie ihre gewerblich geführte Hundeschule »Tatzen-Treff« im Kreis Olpe, wo sie auch als externe Sachverständige für öffentliche Stellen fungiert. Sie schreibt Fachartikel, ist Buchautorin, gefragte Referentin und Spezialzuchtrichterin im VDH. Als Hundetrainerin widmet sie sich schwerpunktmäßig der Mensch-Hund-Beziehung, leistet Hilfestellung beim Umgang mit verhaltensauffälligen Hunden und gilt seit Jahrzehnten als Expertin für Herdenschutzhunde.

www.tatzen-treff.de

Unsere Erfolgsreihen auf einen Blick

Die Reitschule *(Auswahl)*

Heinrich Bergmann-Scholvien, **Arbeit an der Doppellonge**, ISBN 978-3-275-01805-5
Urte Biallas, **Bodenarbeit**, ISBN 978-3-275-01708-9
Urte Biallas, **Bodenarbeitskurs**, ISBN 978-3-275-02053-9
Kerstin Diacont, **Dressur für Fortgeschrittene**, ISBN 978-3-275-01749-2
Monika Hannawacker, **Zirkuslektionen**, ISBN 978-3-275-01831-4
Angelika Schmelzer, **Pferde erziehen**, ISBN 978-3-275-01709-6
Angelika Schmelzer, **Reiten im Gelände**, ISBN 978-3-275-01748-5
Britta Schön, **Mein erster Turnierstart**, ISBN 978-3-275-01777-5
Sabine Schweickert, **Einstieg ins Turnierfahren**, ISBN 978-3-275-01938-0
Karin Uecker, **Der Reitbegleithund**, ISBN 978-3-275-01969-4
Sigrid Weppelmann/Sandra Mensmann, **Longieren**, ISBN 978-3-275-01727-0
Sigrid Weppelmann, **Basispass Pferdekunde**, ISBN 978-3-275-01750-8
Inga Wolframm, **7 Schritte zum angstfreien Reiten**, ISBN 978-3-275-02054-6

Die Hundeschule *(Auswahl)*

Annegret Bangert, **Begleithund-Prüfung**, ISBN 978-3-275-01779-9
Ann-Sophie Griebel, **Clicker-Training**, ISBN 978-3-275-01714-0
Micaela Köppel, **Spiel und Spaß für jeden Tag**, ISBN 978-3-275-01732-4
Petra Krivy/Angelika Lanzerath, **Darf der das?**, ISBN 978-3-275-01835-2
Petra Krivy/Ann-Sophie Griebel, **Ein Hund aus zweiter Hand**, ISBN 978-3-275-01780-5
Petra Krivy/Angelika Lanzerath, **Was ein Welpe lernen muss**, ISBN 978-3-275-01689-1
Petra Krivy/Angelika Lanzerath, **Hunde verstehen**, ISBN 978-3-275-01756-0
Petra Krivy/Angelika Lanzerath, **Einfach gut erzogen**, ISBN 978-3-275-02082-2
Petra Krivy/Angelika Lanzerath, **Mein Hund im Flegelalter**, ISBN 978-3-275-01810-9
Petra Krivy/Angelika Lanzerath, **Alte Hunde**, ISBN 978-3-275-02036-2
Uta Reichenbach/Tanja Sinner, **Agility**, ISBN 978-3-275-01660-0
Monika Schaal/Ursula Daugschieß-Thumm, **Lockere Leine**, ISBN 978-3-275-01621-1
Julia Schuster/Jochen Schleicher, **Dog Frisbee**, ISBN 978-3-275-01755-3
Beate Schwarz, **Dummy-Training**, ISBN 978-3-275-01690-7
Manuela van Schewick, **Apportieren mit Spaß**, ISBN 978-3-275-01754-6

happy cats

Nina Ernst, **Zufriedene Stubentiger**, ISBN 978-3-275-01760-7
Gabriele Müller, **Miau – Katzensprache richtig deuten**, ISBN 978-3-275-01782-9
Gabriele Müller, **Katzenspiele**, ISBN 978-3-275-01811-6
Annette Thomée, **Gesunde Katze**, ISBN 978-3-275-01839-0
Dayana Winkler, **Katzen-Tricks mit Clicker**, ISBN 978-3-275-01999-1

Jedes Buch mit 96 Seiten,
ca. 80 Abb., broschiert,
je € 9,95/(A) 10,30

Die Hundeschule

Unsere erfolgreiche Ratgeberreihe für alle Hundefreunde

ISBN 978-3-275-01779-9

ISBN 978-3-275-01714-0

ISBN 978-3-275-01732-4

ISBN 978-3-275-01780-5

ISBN 978-3-275-01756-0

ISBN 978-3-275-01713-3

ISBN 978-3-275-01835-2

ISBN 978-3-275-01863-5

ISBN 978-3-275-01962-5

ISBN 978-3-275-01912-0

ISBN 978-3-275-01862-8

ISBN 978-3-275-01623-5

Jedes Buch mit 96 Seiten, ca. 80 Abb., broschiert, je € 9,95/€(A) 10,30

Müller Rüschlikon

Stand Juli 2016
Änderungen in Preis und Lieferfähigkeit vorbehalten.

Überall, wo es Bücher gibt oder
www.mueller-rueschlikon.de
Service-Hotline: 0711-78 992 151